Leistungsbeurteilung

Praxis der Personalpsychologie

Human Resource Management kompakt

Band 18

Leistungsbeurteilung

von Prof. Dr. Daniela Lohaus

Herausgeber der Reihe:

Prof. Dr. Heinz Schuler, Dr. Rüdiger Hossiep,
Prof. Dr. Martin Kleinmann, Prof. Dr. Werner Sarges

Leistungsbeurteilung

von

Daniela Lohaus

HOGREFE

GÖTTINGEN · BERN · WIEN · PARIS · OXFORD · PRAG
TORONTO · CAMBRIDGE, MA · AMSTERDAM · KOPENHAGEN

Prof. Dr. Daniela Lohaus, geb. 1966. Studium der Betriebswirtschaftslehre und der Psychologie in Mainz, Gießen und Nottingham. Promotion 1998. Seit 2004 Professorin für Personal und Organisation sowie Organisationspsychologie an der Hochschule für Technik in Stuttgart. Umfangreiche Unternehmenserfahrung mit Personalauswahl, Personal- und Organisationsentwicklung bei internationalen Beratungsunternehmen und als selbständiger Consultant. Zertifizierter systemischer Coach.

Bibliografische Information der Deutschen Nationalbibliothek
Die Deutsche Nationalbibliothek verzeichnet diese Publikation in der Deutschen Nationalbibliografie; detaillierte bibliografische Daten sind im Internet über http://dnb.d-nb.de abrufbar.

Göttingen · Bern · Wien · Paris · Oxford · Prag
Toronto · Cambridge, MA · Amsterdam · Kopenhagen
Rohnsweg 25, 37085 Göttingen

http://www.hogrefe.de
Aktuelle Informationen · Weitere Titel zum Thema · Ergänzende Materialien

Umschlagabbildung: © ImagesourceVI-Fotolia.com
Satz: Grafik-Design Fischer, Weimar
Druck: AZ Druck und Datentechnik GmbH, Kempten
Printed in Germany
Auf säurefreiem Papier gedruckt

ISBN 978-3-8017-2090-2

Inhaltsverzeichnis

Karten:

1 Leistungsbeurteilung

1.1 Einführung

Unternehmensleitungen wie Mitarbeiter haben prinzipiell Interesse daran, dass die Leistung der einzelnen Organisationsmitglieder und damit ihr Beitrag zur Erreichung der Ziele der Unternehmensleitung transparent sind. Die Unternehmensleitung ist auf den (hohen) Beitrag ihrer Mitarbeiter angewiesen, um ihre Ziele zu erreichen. Für Mitarbeiter ist die Beurteilung ihrer Leistung wichtig, weil hohe Leistung, von Ausnahmen abgesehen, eine wesentliche Voraussetzung für gute Karrieremöglichkeiten (Van Scotter, Motowidlo & Cross, 2000) und für Gehaltssteigerungen (Harris, Gilbreath & Sunday, 1998) ist. Leistungsbeurteilung ist aber nur dann sinnvoll, wenn sich die Leistungen von Positionsinhabern unterscheiden. Wenn alle Menschen in einer Tätigkeit exakt und unveränderlich die gleiche Leistung erbrächten, wäre Leistungsbeurteilung wenig hilfreich (außer, man wollte die Leistungshöhe generell messen). Allerdings stellten bereits McCormick und Tiffin (1974) fest, dass die Leistungen von Menschen innerhalb verschiedener Berufsgruppen stark variieren. Sie stellten Unterschiede von der eineinhalbfachen Produktivität des besten Arbeiters im Vergleich zum schlechtesten innerhalb der gleichen Berufsgruppe fest – bis hin zur zwanzigfachen Produktivität im Vergleich zur Person mit der absolut geringsten Leistung.

Leistungsbeurteilung bringt Vorteile für Unternehmensleitung und Mitarbeiter

Aber woher wissen wir, wann eine Leistung gut ist und wann schlecht? Es reicht nicht aus, Leistung lediglich zu erheben oder zu messen. Denn was hat es zu bedeuten, wenn ein Außendienstmitarbeiter einer Versicherung 100 Lebensversicherungspolicen im Jahr abschließt? Handelt es sich hier um eine gute oder um eine schlechte Leistung? Wie meistens lautet die Antwort: Es kommt darauf an. Wenn alle anderen Mitarbeiter im Durchschnitt 120 Abschlüsse tätigen, ist sie schlecht. Wenn der Mitarbeiter allerdings als einziger in einem Gebiet arbeitet, in dem sehr viele Studierende und sozial schwache Menschen leben, während seine Kollegen Bezirke mit Einwohnern deutlich höherer Lebensstandards betreuen, ist die Leistung vielleicht sogar recht gut. Oder wenn wir annehmen, das Unternehmen benötige nur 90 Abschlüsse, um wettbewerbsfähig zu bleiben, ist die Leistung ebenfalls gut. Und wenn der Mitarbeiter die Tätigkeit erst kürzlich übernommen hat und seine Leistung vom ersten zum zweiten Halbjahr von 30 auf 100 gesteigert hat, ist sie sehr gut. Diese Beispiele machen deutlich, dass wir Leistung immer in Relation zu einem Bezugspunkt bewerten müssen. Das können – wie in diesem Beispiel – andere Personen sein, die Rahmenbedingungen, Anforderungen der Unternehmensleitung oder das gemäß der Erfahrung zu erwartende Leistungsniveau.

Leistung wird immer in Relation zu einem Bezugspunkt bewertet

Für die praktische Umsetzung der oben dargestellten Überlegungen muss beachtet werden, dass die Beurteilung nicht isoliert stattfinden kann. Sie ist eingebunden in das Geschehen im Unternehmen und muss auf die Bedingungen, die sich durch den Unternehmenszweck, die Struktur und die Kultur des Unternehmens ergeben, abgestimmt sein. Sie muss die betroffenen Menschen, Beurteiler wie Beurteilte sowie die Nutzer der Beurteilungen, einbeziehen; sonst wird der Zweck, der mit der Leistungsbeurteilung angestrebt wird, nicht erreicht. In der folgenden Tabelle sind anhand des fiktiven Beispiels einer Personalreferentin wesentliche Fragen aufgelistet, die sich Personalfachleute stellen, wenn sie die Entwicklung, Veränderung und Einführung von Leistungsbeurteilungen in Unternehmen planen. Zu jeder Frage ist aufgeführt, in welchem Kapitel Information zu ihrer Beantwortung zu finden ist.

Tabelle 1:
Überlegungen im Zusammenhang mit der Entwicklung und Einführung von Leistungsbeurteilungssystemen

Wie wird ein Leistungsbeurteilungssystem eingeführt?	Was ist dabei im Einzelnen zu tun?/Relevante Detailfragen	Kapitel
Rita Kern ist Personalreferentin in einem mittelständischen Unternehmen. Sie hat in einer Arbeitskreissitzung erfahren, dass im Unternehmen einer Kollegin ein Leistungsbeurteilungssystem eingeführt wird, und fragt sich, ob das nicht auch für ihr Unternehmen von Nutzen sein könnte.	Was ist ein Leistungsbeurteilungssystem? Welchen Nutzen stiftet ein Leistungsbeurteilungssystem?	1.2 1.3 1.4 1.5
Rita Kern interessiert sich auch für den theoretischen Hintergrund des Themas.	Wie läuft eine Leistungsbeurteilung ab? Was geht in den Köpfen der Beurteiler vor sich? Können Menschen überhaupt objektiv urteilen?	2.1 2.2 2.3
Rita Kern ist eine ökonomisch denkende Personalreferentin und fragt sich, ob der behauptete Nutzen in einem angemessenen Verhältnis zu dem erforderlichen Aufwand für ein Leistungsbeurteilungssystem steht.	Welche Voraussetzungen müssen für ein Leistungsbeurteilungssystem gegeben sein oder geschaffen werden?	4.1 4.4
Von ihrer Kollegin weiß Rita Kern, dass ein Leistungsbeurteilungssystem immer auf den Zweck der Beurteilung zugeschnitten sein muss.	Welche Ziele verfolgt die Geschäftsleitung mit einem Leistungsbeurteilungssystem?	3.1 4.3
Rita Kern fragt sich, welche Personen bzw. Personengruppen von der Beurteilung betroffen sind.	Wer wird beurteilt? Wer beurteilt?	3.4 4.5 3.5 4.6

Tabelle 1 (Fortsetzung):
Überlegungen im Zusammenhang mit der Entwicklung und Einführung von Leistungsbeurteilungssystemen

Wie wird ein Leistungsbeurteilungs-system eingeführt?	Was ist dabei im Einzelnen zu tun?/Relevante Detailfragen	Kapitel
Die Geschäftsleitung sieht einen großen Nutzen darin, ein Leistungsbeurteilungssystem einzuführen und beauftragt Rita Kern, ein Konzept dafür zu entwickeln.	Wie sehen die Schritte zur Einführung eines Systems aus? Gibt es bereits Ansätze oder alte Systeme im Unternehmen? Muss der Betriebsrat einbezogen werden?	4.1 4.2 4.10
Welche rechtlichen Grundlagen sind zu beachten?	Rechte der Mitarbeiter Rechte der Belegschaftsvertretung	4.10
Wie kommt Rita Kern an ein Leistungsbeurteilungsinstrument?	Kann man ein solches Beurteilungsinstrument kaufen, von einem anderen Unternehmen übernehmen oder muss es selbst entwickelt werden?	4.1 4.5
Wie kann ein Leistungsbeurteilungsinstrument entwickelt werden?	Welche Instrumente gibt es? Nach welchen Kriterien sollte die Auswahl getroffen werden? Was ist für ihren Zweck das geeignete Instrument? Was bedeuten die ganzen Fachausdrücke?	3.2 3.3 K1
Das Instrument ist jetzt soweit entwickelt, aber wie soll es eingesetzt werden?	Wann und wie häufig soll beurteilt werden? Was sind die Konsequenzen von Beurteilungen? Wie werden die Beurteilungen dokumentiert?	4.9
Beim ersten Einsatz wird nicht gleich alles glatt gehen. Wie kann Rita Kern für einen möglichst reibungslosen Ablauf und für eine hohe Akzeptanz sorgen?	Wie wird informiert? Wer soll das Instrument testen? Was ist vorzubereiten? Wer wird wie einbezogen?	4.1 4.8 4.9 4.10
Bevor das neue Instrument eingesetzt werden kann, müssen die Beurteiler geschult werden. Das übernimmt Rita Kern selbst, weil das die Relevanz des Systems verdeutlicht.	Was muss trainiert werden? Worauf muss bei dem Beurteilertraining geachtet werden?	4.6 4.7 2.3 K1
Wenn das neue Instrument eingesetzt wird, muss Rita Kern auch überprüfen, ob es die versprochenen Vorteile bringt.	Wie werden die Erfahrungen ausgewertet und für die Verbesserung des Systems genutzt?	4.8

1.2 Definition

1.2.1 Leistung

Formen und Komponenten der Leistung

Leistung wird typischerweise als Beitrag einer Person zur Erreichung der Ziele der Organisation gesehen, die durch die Unternehmensleitung repräsentiert wird. Dabei wird davon ausgegangen, dass dieser Beitrag neben dem individuellen Leistungsniveau generell von der Art der Tätigkeit und der Hierarchieebene abhängt (Schmidt & Kleinbeck, 2004). Die beiden letztgenannten Aspekte hängen zumindest in der Wahrnehmung der Mehrheit der Unternehmensvertreter eng zusammen.

Bei der Frage, in welcher Form sich berufliche Leistung zeigt, sind zwei Sichtweisen zu unterscheiden, die durchaus gleichzeitig zur Anwendung kommen können.

Berufliche Leistung kann aus der Ergebnis- und aus der Prozessperspektive gesehen werden

Einerseits wird Leistung aus der Ergebnisperspektive betrachtet, d. h. die Leistung einer Person entspricht dem, was sie geschaffen oder erreicht hat. Das können beispielsweise die Anzahl abgeschlossener Versicherungsverträge sein, der Gewinn eines Autohändlers beim Verkauf von Neuwagen, die Zufriedenheit der Kunden mit ihrer Betreuung durch den Mitarbeiter oder die Anzahl reparierter Waschmaschinen.

Die zweite Perspektive ist die Sicht auf Leistung als Prozess oder Verhalten. Individuelle berufliche Leistung wird hiernach häufig beschrieben als Verhalten, das ein Mitarbeiter ausführt und das wichtig ist, um die Ziele der Unternehmensleitung zu erreichen (Campbell, McHenry & Wise, 1990). Sie zeigt sich beispielsweise in der Freundlichkeit, mit der Kunden bedient werden, in der Häufigkeit von Kundenbesuchen, in der Geduld, mit der Lernenden begegnet, oder in der Geschwindigkeit, mit der eine Montage ausgeführt wird.

Nicht jede Leistung zeigt sich sofort

Nicht nur in welcher Form, sondern auch wann sich Leistung zeigt, hängt von der Art der Tätigkeit ab (Schmidt & Kleinbeck, 2004). Dieses Faktum muss bei der Art der Leistungsmessung berücksichtigt werden. Bei einer kurzen zeitlichen Erstreckung wie beispielsweise einer Preiskalkulation kann sehr schnell festgestellt werden, welchem Niveau die Leistung entspricht. Bei anderen Tätigkeiten wie beispielsweise dem Vertrieb von Bildungsleistungen stellt sich der sichtbare Erfolg oft erst nach einigen Jahren ein. Stellen Sie sich vor, es gelingt einem Vertriebsmitarbeiter drei Jahre nach dem ersten Kontakt zu einem potenziellen Kunden, der bis dahin vertraglich an einen anderen Lieferanten gebunden war, einen großen Auftrag zu platzieren. Die Vorarbeit für den Vertragsabschluss hat unter Umständen in ausdauernder Pflege der Kundenbeziehung und im sorgfältigen Aufbau von Vertrauen durch regelmäßige, schnelle und zuverlässige Informationen bestanden. Wird während dieser Zeit die Leistung in Form des Verhaltens (z. B. regelmäßige Besuche, rasche und gründliche Informationsweitergabe, Eingehen auf Kundenwünsche) betrachtet, so hat der Mitarbeiter viel geleistet. Wird hingegen ausschließlich das Ergebnis (d. h. die Anzahl oder der Umsatz abgeschlossener Verträge) betrachtet, hat er gar nichts geleistet.

Auf der Grundlage einer der umfangreichsten Studien in der psychologischen Forschung, die in den 80er Jahren des letzten Jahrhunderts beim amerikanischen Militär durchgeführt wurde, entwickelten Campbell et al. (1990) eine Theorie der beruflichen Leistung, die später weiter ausdifferenziert wurde (Campbell, McCloy, Oppler & Sager, 1993). Aufgrund ihres großen Stichprobenumfangs (knapp 10.000 Personen in knapp 20 unterschiedlichen Berufen) hat sie besondere Bedeutung. Campbell und Kollegen beziehen ihr positionenübergreifendes Modell nicht auf Arbeitsergebnisse, sondern ausschließlich auf beobachtbares Leistungsverhalten. Sie postulieren acht leistungsrelevante Verhaltenskomponenten, die für alle Berufe gültig sind: positionsspezifische und generelle Tüchtigkeit, Kommunikationsfähigkeit, Ausdauer, Disziplin, Kooperation, Mitarbeiterführung und Organisationsvermögen. Die Fähigkeit in jeder der acht Komponenten ist durch das Ausmaß an deklarativem Wissen (inhaltliches Wissen, d. h. „gewusst was") und prozeduralem Wissen (ablaufbezogenes Wissen, d. h. „gewusst wie") bestimmt.

Es gibt berufsübergreifend relevante Verhaltensbestandteile der Leistung

In den letzten Jahren hat das sog. Konzept des „organisational citizenship behaviour" zunehmend Beachtung gefunden. Der Begriff umfasst Verhaltensweisen von Organisationsmitgliedern, die nicht direkt zum jobspezifischen Leistungsverhalten gehören, aber für hohe Leistung des Unternehmens dennoch entscheidend sind. Diese Unterscheidung zwischen Intra- und Extrarollenverhalten (d. h. Verhalten, das direkt zur Arbeitsrolle oder Tätigkeit dazugehört und vom Stelleninhaber erwartet werden kann sowie Verhalten, das über die eigentliche Arbeitsrolle hinausgeht und daher nicht selbstverständlich erwartet werden kann) spiegelt sich auch im Ansatz von Borman und Motowidlo (1997) wider. Die Autoren unterscheiden zwischen aufgabenbezogener und umfeldbezogener Leistung wie in Tabelle 2 dargestellt.

Extrarollenverhalten kann maßgeblich zum Erfolg eines Unternehmens beitragen

Die Berücksichtigung beider Bereiche der Leistung hat für Unternehmen entscheidende Vorteile. Denn eine Beschränkung auf die aufgabenbezogenen Anteile der Leistung könnte dazu führen, dass die Mitarbeiter „Dienst nach Vorschrift" machen. Jeder weiß, dass das zwar korrektes Verhalten widerspiegelt, ein Unternehmen aber nicht gut funktionieren würde, wenn alle Organisationsmitglieder eine solche Haltung zeigten. Wenn jeder sich nur genau an Anweisungen halten und diese sorgfältig ausführen würde, wäre ihm zwar kein Vorwurf zu machen. Aber es wäre sehr aufwändig, mit

Tabelle 2:
Aufgaben- und umfeldbezogene Leistung (nach Borman & Motowidlo, 1997)

	Aufgabenbezogene Leistung	Umfeldbezogene Leistung
Beschreibung	Leistungsverhalten, das direkt auf die Tätigkeit bezogen ist und von Job zu Job variiert	Leistungsverhalten, das unabhängig von der spezifischen Tätigkeit und daher ähnlich ist für unterschiedliche Jobs
Grundlage des Verhaltens	Fähigkeiten, Fertigkeiten	Persönlichkeit, Motivation
Komponenten	Tätigkeitsspezifische Verhaltensweisen wie Planung und Organisation der Arbeitsabläufe, korrekte Ausführung der Arbeit	Aktivitäten, die den reibungslosen Ablauf des Organisationsbetriebs unterstützen wie besondere Hilfsbereitschaft, Sorgfalt, Freundlichkeit Proaktive Verhaltensweisen, die der Veränderung und Verbesserung von Abläufen dienen wie Initiative, Verantwortungsübernahme
Beispiel	Rechtzeitige Bereitstellung der Endprodukte durch den Lagermitarbeiter für deren Auslieferung	Vorschlag zur Änderung der Anordnung der Materialien im Lager, so dass ihre Handhabung leichter und damit schneller erfolgen kann Obgleich die Aufgabe des Lagerarbeiters lediglich beinhaltet, die Ware auf der Laderampe bereitzustellen, hilft der Lagerarbeiter dem LKW-Fahrer beim Aufladen, sofern er Zeit dafür zur Verfügung hat

Sondersituationen, die über die durch den Wettbewerb geforderte kontinuierliche Verbesserung hinausgehen, adäquat umzugehen und bei nicht antizipierten Schwierigkeiten Lösungen zu finden.

Entstehungsbedingungen von Leistung

Leistung wird als eine Funktion von Fähigkeit bzw. Fertigkeit und Motivation gesehen, wobei beide Faktoren multiplikativ verknüpft sind (vgl. Vroom, 1964). Fähigkeit und Fertigkeit werden dabei als überdauernde Faktoren angesehen, die durch die Eignung einer Person, eine bestimmte Tätigkeit auszuüben, bestimmt sind sowie durch ihre Ausbildung und Erfahrung.

Fähigkeiten

Es gibt unterschiedliche Einteilungen, welche Motive für Arbeitsverhalten entscheidend sind. Eine typische Unterscheidung erfolgt nach intrinsischen und extrinsischen Arbeitsmotiven (Rüttinger, v. Rosenstiel & Molt, 1974;

Intrinsische Motivation

zit. nach v. Rosenstiel, 2000). Intrinsische Arbeitsmotive ergeben sich durch den Vollzug der Tätigkeit selbst und bedürfen zu ihrer Befriedigung keiner wie auch immer gearteten Anerkennung von außerhalb. Dazu gehören das Bedürfnis nach Tätigkeit, das Bedürfnis Leistung zu erbringen und das Bedürfnis nach Sinngebung und Selbstverwirklichung. Zu den extrinsischen Motiven, die durch die Begleitumstände der Arbeit befriedigt werden, zählen das Bedürfnis nach Geld, Anerkennung und Sicherheit sowie das Bedürfnis nach Kontakten zu anderen Menschen, die sich nicht direkt aus der Arbeitstätigkeit ergeben.

Extrinsische Motivation

Nach Ansicht verschiedener Autoren (z. B. Cascio & Aguinis, 2005; Sonnentag & Frese, 2002) müssen zusätzlich situative Bedingungen als Determinanten der Leistung berücksichtigt werden. Denn ein Mitarbeiter kann zwar fähig und motiviert sein, Leistung zu erbringen, wenn er die Gelegenheit dazu nicht bekommt, führt das jedoch zu keinem Leistungsergebnis.

Arbeitsbedingungen

Leistung ist demnach eine Funktion von Fähigkeit, Motivation und Gelegenheit bzw. situativen Bedingungen, wobei die Elemente multiplikativ verknüpft sind. Das bedeutet, dass jede Komponente wenigstens zu einem Mindestmaß vorliegen muss, damit Leistung entsteht.

Der Zusammenhang von Fähigkeiten bzw. Fertigkeiten, Motivation und situativen Bedingungen für die Entstehung von Leistung ist schematisch in Abbildung 1 dargestellt:

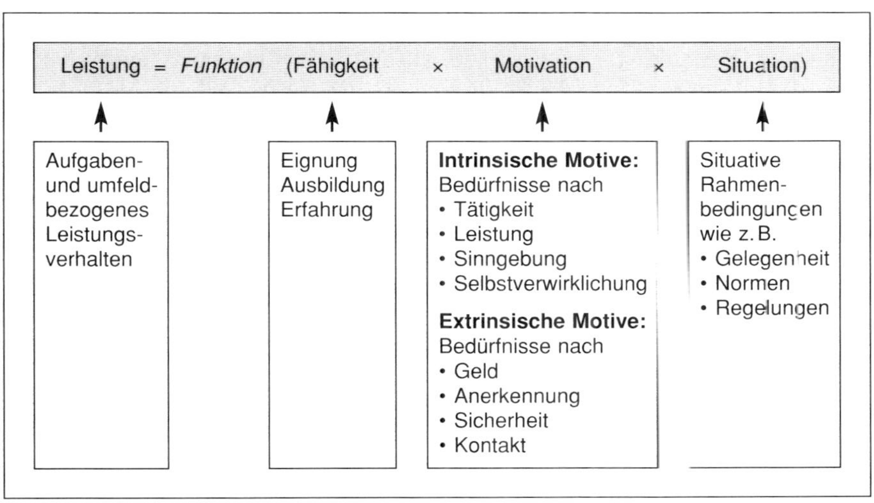

Abbildung 1:
Leistung wird als eine Funktion der multiplikativen Verknüpfung der Fähigkeit und der Motivation einer Person gesehen sowie der situativen Bedingungen, unter denen Fähigkeit und Motivation zur Wirkung gelangen können

Forschungsergebnisse bestätigen die Bedeutung verschiedener fähigkeits- und motivationsbedingter Komponenten an der Entstehung von Arbeitsleistung. Metaanalysen (zusammenfassende Analysen vieler Studien zur selben Fragestellung) zu Prädiktoren beruflicher Leistung haben gezeigt, dass unterschiedliche Leistungen überwiegend auf unterschiedliche intellektuelle Fähigkeiten zurückgeführt werden können (vgl. Kanfer & Kantrowitz, 2002). Auch Schmidt und Hunter (1998) weisen allgemeine Intelligenz als besten Prädiktor für berufliche Leistung aus, wobei sie auf den indirekten Zusammenhang hinweisen, in dem Sinn, dass sich Personen aufgrund ihrer Intelligenz tätigkeitsrelevantes Wissen schneller bzw. leichter aneignen und aufgrund dieses Wissens höhere Leistungen erreichen. Weitere, aber nicht ganz so wichtige Prädiktoren für berufliche Leistung sind Integrität und Gewissenhaftigkeit, verstanden als Sorgfalt in der Aufgabenerledigung, Befolgung von Regeln und geringe Wahrscheinlichkeit kontraproduktiven Verhaltens (vgl. Schmidt & Hunter, 1998). Wenn sie zusätzlich verwendet werden, erhöht sich die Vorhersagequalität im Vergleich zur ausschließlichen Verwendung von Intelligenzmaßen. Speziell die Ergebnisse zu Integrität und Gewissenhaftigkeit bieten einen Hinweis darauf, dass das Zweikomponentenkonzept beruflicher Leistung von Borman und Motowidlo (1997) sinnvoll ist, da sie Verhalten umfassen, das ebenfalls dem Bereich der umfeldbezogenen Leistung zuzuordnen ist.

Die intellektuellen Fähigkeiten bestimmen die Leistung

Integrität und Gewissenhaftigkeit

Zeitkonstante und zeitvariable Leistungsvoraussetzungen

Unterschiedliche Ausprägungen der Fähigkeits-, Motivations- und Situationskomponenten sind dafür verantwortlich, dass Leistung Veränderungen unterliegt. Der Begriff der Fähigkeit ist sehr weit gefasst und beinhaltet die Gesamtheit der psychischen Bedingungen, die zur Aufgabenerledigung erforderlich sind. Er umfasst in der Lebensgeschichte entstandene, komplexe Eigenschaften. Der Begriff der Fertigkeit ist enger gefasst und bezieht sich auf spezifische, aufgabenbezogene Kompetenzen. Fähigkeiten und Fertigkeiten gelten als zeitkonstante Leistungsvoraussetzungen, obwohl sie natürlich Änderungen unterliegen können. Diese Änderungen können relativ dauerhaft sein, indem Fähigkeiten und Fertigkeiten beispielsweise durch Lernen verbessert (s. Abb. 2, Kurve a) oder durch Krankheiten oder andere körperliche Einschränkungen (Kurve b) vermindert werden können. Zusätzlich treten kurzfristige Schwankungen, sog. zeitvariable Leistungsvoraussetzungen, auf. Diese Schwankungen können beispielsweise durch den biologischen Tages-, Monats- oder Jahresrhythmus, durch Müdigkeit aufgrund von Monotonieerleben oder Stress bedingt sein. Sie können häufig bis zu einem gewissen Grad durch bewusste Anstrengung kompensiert werden. Festgestellt wurde auch, dass zu Beginn einer Tätigkeit die kognitiven Faktoren die Leistung stärker bestimmen. Je länger jemand eine Tätigkeit ausübt und folglich Routine gewinnt, umso größeren Anteil haben motivationale Faktoren an der Leistung (vgl. Sonnentag & Frese, 2002).

Leistungen unterliegen Veränderungen

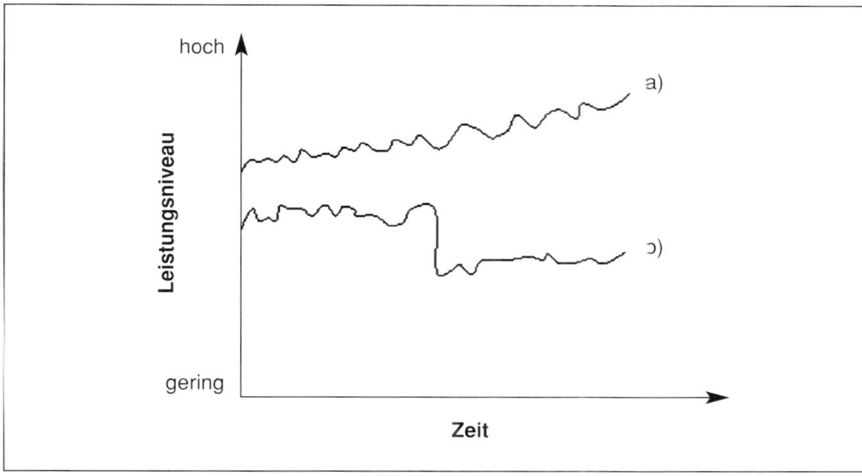

Abbildung 2:
Schematische Darstellung verschiedener Möglichkeiten der Leistungsänderung

1.2.2 Leistungsbeurteilung

Gegenstand und Begriff der Leistungsbeurteilung

Bei der Leistungsbeurteilung geht es darum, die Leistung im Sinne des Beitrags einer Person zur Erreichung der Ziele der Unternehmensleitung möglichst angemessen zu beschreiben und zu bewerten. Grundlage ist die Leistung, die Menschen im Rahmen ihrer beruflichen Tätigkeit gegen Entgelt erbringen. Die übliche Betrachtungseinheit ist der Arbeitsplatz bzw. eine Position, die eine Person innehat (wobei Schuler, 2006, S. 46, darauf hinweist, dass im Zeitverlauf auch die „Merkmale eines ganzen Berufsfelds, einer Organisation, eines Karrierewegs“ als Anforderungen wirksam werden). Die Verhaltens- und Leistungsanforderungen für eine bestimmte Stelle ergeben sich aus den zu erfüllenden Aufgaben, die in einem Top-down-Prozess festgelegt werden: Die Ziele der Unternehmensleitung und der Zweck des Unternehmens bestimmen, welche Funktionen und Aufgaben generell erfüllt werden müssen. Einzelne Aufgaben werden in sinnvoller Weise zusammengefasst und einer Position zugewiesen. Eine Position umfasst die Aufgaben, die typischerweise von einer Person mit definierten Kompetenzen erledigt werden können. Häufig sind die Verhaltens- und Leistungsanforderungen, an denen die Leistung des Positionsinhabers gemessen wird, in einer Stellenbeschreibung spezifiziert.

Leistungsbeurteilung bezieht sich auf zurückliegende Leistungen auf der Position, für die jemand bezahlt wird

Leistungsbeurteilung bezieht sich auf in der Vergangenheit erbrachte Leistung. Obgleich Leistungen auf der Ebene von Individuen, Teams, Bereichen und Unternehmen gemessen werden können, bezieht sich der übliche Sprachgebrauch nach wie vor auf die Bewertung der Leistung einzelner Personen.

Von Leistungsbeurteilung wird typischerweise gesprochen, wenn
- Leistungen von Mitarbeitern in regelmäßigen Zeitintervallen bewertet werden,
- sich die Bewertung auf das Verhalten oder die Ergebnisse der Arbeitsleistung von Mitarbeitern in der Vergangenheit bezieht,
- eine standardisierte Methode dazu verwendet wird,
- die Leistungen von der vorgesetzten Person, Kollegen auf gleicher Hierarchieebene, Mitarbeitern oder der Person selbst eingeschätzt werden,
- die Bewertungen aufgezeichnet und aufbewahrt werden, um sie für personalrelevante Entscheidungen wie Platzierung, Gehaltszuweisung, Personalentwicklungsmaßnahmen etc. zu nutzen.

Erfassung der Leistung über Kriterien

Leistung ist nicht direkt beobachtbar, deshalb müssen geeignete Indikatoren gefunden werden

Da die Leistung nicht direkt beobachtet werden kann (es handelt sich um ein hypothetisches Konstrukt), muss sie über geeignete Kriterien erfasst werden (Marcus & Schuler, 2006; Cascio & Aguinis, 2005). Im beruflichen Alltag wäre es sehr aufwändig und z. T. schwierig zu realisieren, die Leistung vollständig über alle möglichen Arten von Kriterien zu erfassen, daher findet eine Beschränkung auf einige Kriterien statt. Leistungskriterien sollen so gewählt werden, dass sie für die berufliche Leistung wichtig sind, d. h. dass sie wichtige Teile der zu beurteilenden Leistung erfassen (Kriteriumsrelevanz). Allerdings weist jedes relevante Kriterium gleichzeitig die Einschränkung auf, dass in ihm nicht alle relevanten Teile der beruflichen Leistung abgebildet werden (Kriteriumsdefizienz). Ein Kriterium reicht also allein nicht aus, um die berufliche Leistung angemessen zu beschreiben. Gleichzeitig enthält das Kriterium auch Anteile, die etwas anderes als die Leistung des Mitarbeiters erfassen (Kriteriumskontamination). Die Kontamination ist z. B. dadurch bedingt, dass das Kriterium auch etwas beinhaltet, das nicht durch den Mitarbeiter beeinflusst werden kann. Abbildung 3 zeigt im oberen Bereich die allgemeinen Zusammenhänge zwischen Relevanz, Defizienz und Kontamination von Leistungskriterien. Im unteren Bereich werden die Zusammenhänge am Beispiel der Leistung eines Arztes verdeutlicht.

So besteht beispielsweise, vereinfacht dargestellt, die berufliche Leistung eines Krankenhausarztes darin, Patienten medizinisch angemessen zu versorgen, um so best- und schnellstmöglich ihre Gesundung zu erreichen. Ein relevantes Leistungskriterium wäre die Richtigkeit, mit der der Arzt

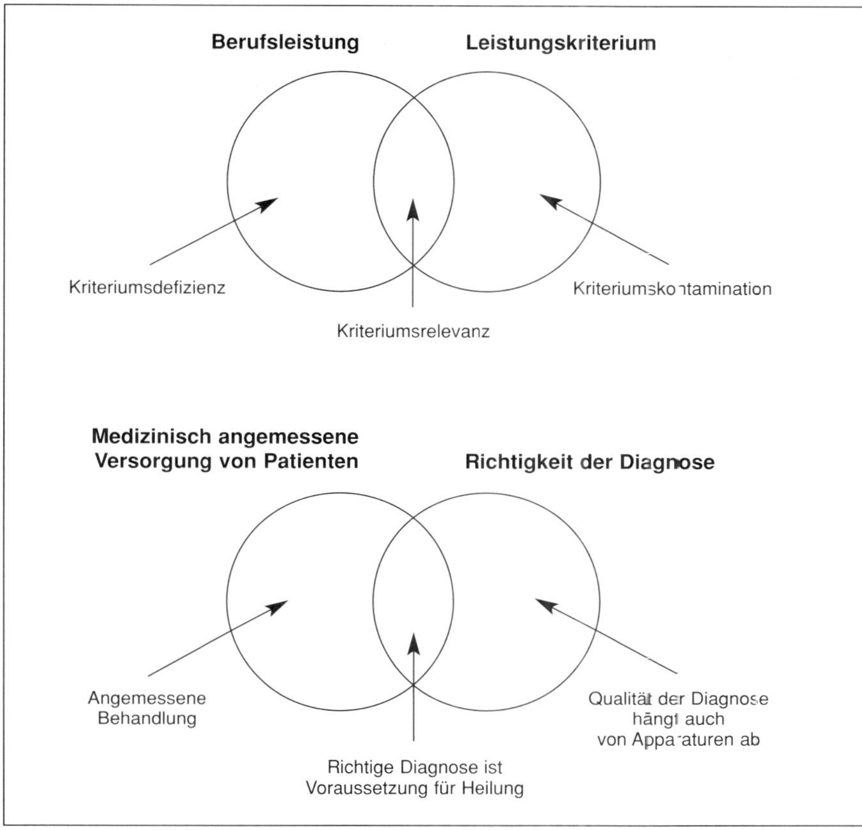

Abbildung 3:
Zusammenhänge zwischen Kriteriumsrelevanz, -defizienz und -kontamination allgemein und am vereinfacht dargestellten Beispiel der Leistung eines Arztes (in Anlehnung an Marcus & Schuler, 2006, S. 435)

medizinische Diagnosen stellt (z. B. Bruch des rechten Unterarmes). Das Kriterium ist allerdings dadurch kontaminiert, dass die Richtigkeit der Diagnose nicht allein durch die Leistung des Arztes bestimmt wird, sondern (zumindest in vielen Fällen) auch durch die Verfügbarkeit und den technischen Standard der dafür notwendigen Apparaturen (z. B. Qualität des Röntgenapparates). Das Kriterium ist aber auch defizient, da die richtige Diagnosestellung allein nicht ausreicht, um das Ziel der Gesundung zu erreichen. Es muss auch eine angemessene Behandlung in Form von Beratung, Operation und/oder Medikation etc. erfolgen (z. B. Ruhigstellen durch einen korrekt angelegten Gipsverband).

Welche Kriterien im Einzelfall relevant sind, richtet sich üblicherweise nach der Position des Mitarbeiters und ist durch arbeits- und anforderungsanalytische Verfahren zu ermitteln (s. hierzu Kapitel 4.5.2). Dazu können beispielsweise die Critical Incident Technique von Flanagan (1954), der Fragebogen zur Arbeitsanalyse (Frieling & Hoyos, 1978) oder der Fleishman-Job-Analysis-Survey (Fleishman & Reilly, 1992; dt. Bearbeitung von Kleinmann, Ranzey, Schumacher & Fleishman, in Vorbereitung) eingesetzt werden. Die Prinzipien der Arbeits- und Anforderungsanalyse sowie verschiedene arbeitsanalytische Verfahren sind im Überblick bei Schuler (2006), Sonntag (2006) und Ulich (2005) beschrieben.

Zur Beurteilung gehört immer das Feedback an den Beurteilten

Zu einer Leistungsbeurteilung gehört auch deren Rückmeldung an die beurteilte Person. Zum einen hat die Person ein Recht darauf, die sie betreffende Einschätzung kennen zu lernen und erläutert zu bekommen (vgl. Kapitel 4.10) und zum anderen hat sich gezeigt, dass Leistungssteigerungen aufgrund von Feedback der Einschätzung erreicht werden können (vgl. Kapitel 1.5).

1.3 Abgrenzung zu anderen Begriffen

Day-to-day-Feedback

Zeitnah, informell, nicht dokumentiert

Bei Day-do-day-Feedback handelt es sich um leistungsbezogene Rückmeldungen, die Vorgesetzte in der täglichen Zusammenarbeit mit ihren Mitarbeitern geben. Das heißt, Verhalten, die Art der Aufgabenbearbeitung oder Arbeitsergebnisse werden zeitnah in anerkennender, kritischer oder neutral-informativer Form von der Führungskraft kommentiert (Schuler & Klingner, 2005). Meist finden sie unsystematisch im Rahmen eines kurzen, informellen Gesprächs statt, und beschränken sich auf einen Aspekt der Leistung. Sie werden nicht aufgezeichnet. Ziele dieses Feedbacks sind neben Verhaltenssteuerung und Lernen auch die Motivation der Mitarbeiter. Aufgrund des starken Verhaltensbezugs ist das Day-to-day Feedback besser für kurzfristige als für mittel- und langfristige Zielorientierung geeignet (Schuler, 2004b).

Potenzialanalyse

Abschätzung zukünftiger Leistungen

Bei der Potenzialfeststellung geht es um die Ermittlung der fachlichen und sozialen Eignung von Personen für die Erledigung von Aufgabenkomplexen (Lang-von Wins & v. Rosenstiel, 1998). Im Gegensatz zur Leistungsbeurteilung, die sich auf in der Vergangenheit tatsächlich erbrachte Leistungen bezieht, macht die Potenzialanalyse Aussagen darüber, zu welchen Leistungen jemand maximal in der Lage ist (Lohaus & Kleinmann, 2002), d. h. was von einer Person in Zukunft erwartet werden kann. Während bei der Leistungsbeurteilung die typische Leistung erfasst wird, die sich aus Leistungsfähigkeit, Motivation und situativen Faktoren ergibt, bezieht die

Potenzialmessung keine situativen Faktoren ein, sondern beschränkt sich auf die durch die Person bedingten Faktoren. Sie dient der Abschätzung des beruflichen Entwicklungsspielraums einer Person. Die Kenntnis des Potenzials erlaubt der Unternehmensleitung eine Einschätzung der Tätigkeiten oder Tätigkeitsklassen, die eine Person zukünftig wahrnehmen kann, z. B. wenn sich die Tätigkeit, für die jemand ursprünglich eingestellt wurde, verändert, oder wenn eine Beförderung oder Umstrukturierung andere Tätigkeitsinhalte nach sich zieht. Potenzialanalysen werden bei der Personalauswahl und -entwicklung, im Rahmen von regelmäßigen Leistungsbeurteilungen, Assessment Centern und Management Appraisals durchgeführt.

Assessment Center

Assessment Center sind eignungsdiagnostische Verfahrenssysteme, in denen Personen zum Zweck der Personalauswahl oder -entwicklung bei der Durchführung standardisierter Aufgaben von zuvor geschulten Beobachtern in ihrem Verhalten und dessen Ergebnissen auf der Grundlage zuvor festgelegter Kriterien beurteilt werden. Assessment Center werden in erster Linie als Grundlage für Personalauswahlentscheidungen durchgeführt, in zweiter Linie dienen sie zu Personalentwicklungszwecken (vgl. Kleinmann, 2003, in dieser Reihe). Obgleich die Teilnehmer an Assessments auch aktuelle Mitarbeiter des Unternehmens sein können, die bezüglich ihrer Leistungen in Übungen beurteilt werden, spricht man nicht von Leistungsbeurteilung im engeren Sinne. Denn die Leistungseinschätzung bezieht sich nicht auf die Leistung in ihrer aktuellen Position, sondern dient der Einschätzung der zukünftigen Leistungsfähigkeit und der Identifikation von Entwicklungsbedarf (vgl. Kleinmann, 1997). Zu diesem Zweck wird typischerweise ein Profil der beobachteten Stärken und Schwächen erstellt, das mit den Anforderungen potenzieller zukünftiger Tätigkeiten abgeglichen wird. Meist geht es dabei zum Zeitpunkt der Erhebung nicht um die Besetzung einer konkreten Position (wie es häufig bei der Personalauswahl der Fall ist), sondern um die Einschätzung der generellen Eignung für Tätigkeitsklassen, beispielsweise, ob jemand prinzipiell für eine Führungsposition geeignet ist (Obermann, 2002). Bei der neueren Form des sog. dynamischen Assessment Centers (vgl. Sarges, 2000; Kleinmann, 2003, in dieser Reihe) geht es um die Bewertung der Lernfähigkeit eines Teilnehmers, mit dem Ziel, seine Anpassungsfähigkeit an neue Anforderungen und Inhalte einschätzen zu können.

Methode zur Einschätzung des Leistungspotenzials

Management Appraisal

Management Appraisals – manchmal auch Management Audits, Management Reviews oder Executive Assessments genannt, haben in den letzten Jahren stark zugenommen. Bei diesen Verfahren geht es darum, dass eine größere Anzahl von Führungskräften eines Unternehmens bezüglich ihrer aktuellen Leistung, ihrer Leistungs- und Entwicklungsfähigkeit in der Zukunft sowie ihres Entwicklungsbedarfs eingeschätzt wird. Diese Einschätzung erfolgt typischerweise durch externe Experten von Management-Beratungsunternehmen. Solche Management Appraisals werden häufig im Zusammenhang mit Restrukturierungen durchgeführt, wenn es darum geht, eine Entscheidung zu treffen, mit welchen Führungskräften die Unternehmensleitung in Zukunft zusammenarbeiten will und ggf. welche Funktion sie jeweils konkret übernehmen sollen. Vereinzelt werden sie auch zur Auswahl von Personen für höhere Managementpositionen eingesetzt. Einen methodischen Schwerpunkt in diesem Verfahren stellen ausführliche, meist halbstrukturierte Interviews mit der Führungskraft dar. Auf der Basis der Schilderung bisheriger Vorgehensweisen in spezifischen Situationen und der Haltung der Führungskraft zu unterschiedlichen Fragestellungen gewinnen die Gutachter einen Eindruck von ihrer Persönlichkeit, ihrer intellektuellen Leistungsfähigkeit, ihrem Arbeitsstil und ihrem Umgang mit verschiedenen Personengruppen. Häufig werden die Interviews durch weitere Diagnosemethoden wie psychologische Testverfahren, Präsentationsübungen, Referenzen und 180-Grad- oder 360-Grad-Feedbacks ergänzt. Die Ergebnisse jeder Führungskraft und ggf. Entwicklungsempfehlungen werden in einem Assessment Report zusammengefasst und dem auftraggebenden Unternehmen zur Verfügung gestellt sowie der getesteten Führungskraft rückgemeldet. Vorteile des Management Appraisals sind darin zu sehen, dass eine Bestandsaufnahme der Managementkompetenzen nach einheitlichem Maßstab und durch unabhängige und neutrale Personen mit relevanten Markt- und Wettbewerbskenntnissen stattfindet (Gerhardt & Ritter, 2004). Ein wesentlicher Kritikpunkt an Management Appraisals ist die systematische Vernachlässigung bisheriger Leistungen (im Sinne von konkreten Ergebnissen für das Unternehmen) der getesteten Führungskräfte (vgl. Gröschl & Wübbelmann, 2005).

Methode zur Erfassung der Leistungsfähigkeit von Führungskräften

Eignungsdiagnose im Rahmen der Personalauswahl

Verfahren zur Einschätzung der Leistungsfähigkeit von Bewerbern

Personalauswahl dient dazu, Personen für das Unternehmen zu gewinnen, die in möglichst hohem Maß zum Erfolg des Unternehmens beitragen (Schuler, 2000). Um diese Auswahl zu treffen, werden im Rahmen der Eignungsdiagnose Informationen zur Eignung der Person für die geplante Tätigkeit, zu ihrer Motivation und zur Passung zum Unternehmen und zum jeweiligen Team erhoben. Speziell zur Einschätzung der Eignung werden neben Ausbildung und tätigkeitsrelevanter Berufserfahrung ganz allgemein relevante Fähigkeiten, Fertigkeiten und Kenntnisse eingeschätzt. Diese Einschätzungen dienen dazu, die zu erwartende Leistung des Bewerbers auf der zu besetzenden Position zu bewerten. Forschungsergebnisse zeigen, dass bisherige Leistung der beste Prädiktor für zukünftige Leistung ist (Schmidt & Hunter, 1998). Daher werden in verschiedenen Verfahren der Personalauswahl – wie beispielsweise bei Arbeitsproben – Leistungen in

Testsituationen erbracht und beurteilt, die der späteren Arbeitssituation möglichst ähnlich sind. Dabei handelt es sich aber nicht um Leistungsbeurteilung im Sinne dieses Buches, da sie nicht auf vergangene Leistung eines aktuellen Mitarbeiters bezogen sind. Typischerweise wird bei der Personalauswahl auch eine Abschätzung des Entwicklungspotenzials der Bewerber vorgenommen.

Die Zusammenhänge der aufgeführten Begriffe sind in Abbildung 4 schematisch dargestellt.

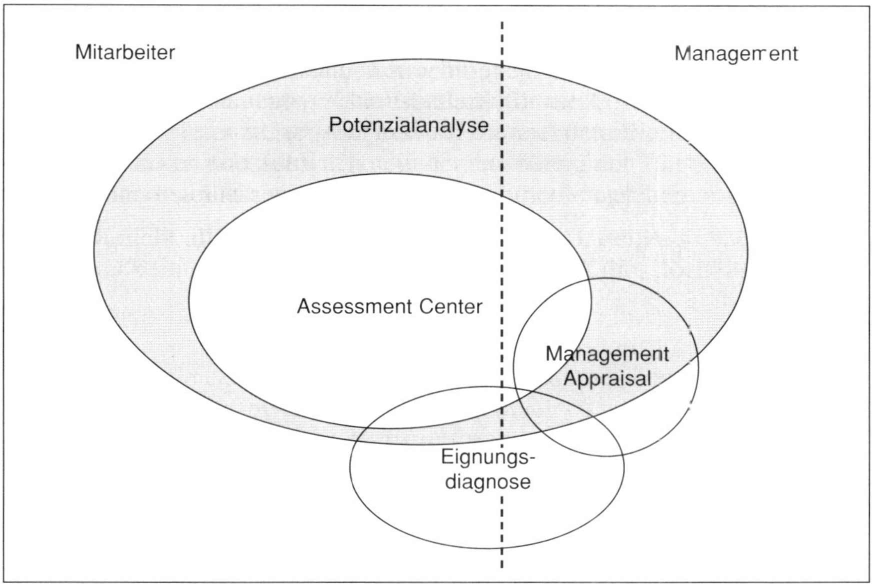

Abbildung 4:
Schematische Darstellung des Zusammenhangs der Begriffe Potenzialanalyse, Assessment Center, Management Appraisal und Eignungsdiagnose

1.4 Bedeutung für das Personalmanagement

Die in systematischen Beurteilungen ermittelten Leistungen sind Grundlage verschiedener Entscheidungen. Auch und speziell für das Personalmanagement sind sie in vielfältiger Weise sinnvoll nutzbar. Sie sind Grundlage für die Personalgewinnung und -entwicklung, also für die zentralen Verantwortungsbereiche des Personalmanagements, mit denen die Wettbewerbsfähigkeit des Unternehmens gesichert und zusätzlich Wettbewerbsvorteile erreicht werden sollen (vgl. Olesch, 1997). Weiterhin dienen sie der Personalplanung und der Auswahl bei der Freisetzung von Personal. Zu beachten ist die Tatsache, dass es sich bei Leistungsbeurteilungen um ein mitbestimmungspflichtiges Thema handelt (vgl. Kapitel 4.10). Ziele der Leistungsbeurteilung, die aus der Sicht des Personalmanagements besondere Relevanz für dessen Aufgabenerfüllung haben, werden im Folgenden erläutert.

Leistungsbeurteilung ist mitbestimmungspflichtig

- *Personalplanung*

Im weiteren Sinn bezieht sich Personalplanung auf die Vorbereitung aller Entscheidungen, die zukünftiges Handeln in allen Feldern des Personalmanagements betreffen (Nicolai, 2006). Für das Personalmanagement hat die systematische und vollständige Erfassung der Leistungen aller Mitarbeiter den Vorteil, dass die Personalbestandsanalyse und -planung vereinfacht wird. Die Daten können im Rahmen der auf die Ziele der Unternehmensleitung abgestimmten Personalplanung genutzt werden, um zu beurteilen, welche Qualifikationen in welcher Zahl aktuell im Unternehmen verfügbar sind und welche zukünftig in welcher Stärke benötigt werden (Scholz, 2000). Auf dieser Grundlage erfolgen Entscheidungen bezüglich der unterschiedlichen Formen der Anpassung des Personalbestands. Der systematische Leistungsüberblick bietet außerdem die Datenbasis für eine zentrale Nachfolgeplanung und erlaubt dem Personalmanagement, in konkreten Fällen Empfehlungen zur Besetzung von Stellen innerhalb des Unternehmens auszusprechen.

Nachfolgeplanung

- *Personalbeschaffung*

Außerdem bieten Leistungsbeurteilungen eine Grundlage für zukünftige Personalbeschaffungsentscheidungen. In jenen Fällen, in denen keine Stellenbeschreibungen für Tätigkeiten vorliegen (z. B. weil eine Position erst neu geschaffen wurde) oder diese nicht an inhaltliche Änderungen des Arbeitsplatzes angepasst wurden (z. B. durch Nachlässigkeit oder weil die Tätigkeit durch den Stelleninhaber erst ausgestaltet wurde) dienen Leistungsbeurteilungen (aufgrund ihres gleichzeitig leistungsbeschreibenden Charakters) bei Folgebesetzungen als Grundlage für Stellenausschreibungen und -besetzungen. Die Inhalte der Tätigkeit, die beurteilten Kriterien und das Leistungsniveau des aktuellen Arbeitsplatzinhabers im Vergleich zu den Anforderungen bieten dann einen Anhaltspunkt für die Formulierung von Inhalten und Anforderungen für künftige Stelleninhaber. Leistungsbeurteilungen werden außerdem in vielen deutschen Unternehmen zur internen Personalauswahl eingesetzt (Hell, Boramir, Schaar & Schuler, 2006). Geht es beispielsweise darum, eine frei gewordene Stelle intern neu zu besetzen, so werden von Seiten des Personalmanagements in Frage kommende Mitarbeiter nicht nur anhand ihres Qualifikationsprofils, sondern auch auf der Grundlage ihrer bisherigen Leistungen, die in den systematischen Leistungsbeurteilungen dokumentiert sind, vorgeschlagen. Die Auswahl aufgrund von Leistungsbeurteilungen bezieht sich auf Fach- wie auf Führungskräfte.

Beurteilungen als Grundlage für Stellenausschreibungen

Beurteilungen als Grundlage der internen Personalauswahl

- *Personalentwicklung*
Nach einer Befragung der umsatzstärksten deutschen Unternehmen von Hell et al. (2006) zählt die Mitarbeiterbeurteilung durch Vorgesetze zu den am häufigsten eingesetzten Personalentwicklungsmaßnahmen, die über alle Mitarbeitergruppen hinweg Anwendung findet. Diesbezüglich besteht die Aufgabe des Personalmanagements darin, Mitarbeiter hinsichtlich sinnvoller und notwendiger Weiterbildungsmaßnahmen sowie ihrer persönlichen Entwicklung im Unternehmen zu beraten. In diesem Zusammenhang bieten Leistungsbeurteilungen, speziell wenn sie zusätzlich Potenzialeinschätzungen enthalten, eine gute Gesprächsgrundlage.

Entwicklungsberatung

- *Personalfreisetzung*
Leistungsbeurteilungen haben weiterhin Bedeutung für die Entscheidung, sich von Mitarbeitern zu trennen. Baut ein Unternehmen in größerem Maßstab, z. B. aufgrund von Umstrukturierungen und technischen Neuerungen, Personal ab, wird bei der Aufstellung des Sozialplans die Auswahl der zu entlassenden Mitarbeiter nicht nur nach strukturellen Merkmalen (z. B. Abteilungszugehörigkeit), sozialen Merkmalen (z. B. Familienstand oder Anzahl der Kinder) oder der generellen Qualifikation (z. B. Fach und Grad des Bildungsabschlusses), sondern ebenfalls auf der Grundlage der dokumentierten Leistungsbeurteilungen getroffen. Das gilt auch für die Entlassung einzelner Personen. Möchte sich ein Unternehmen von einem Mitarbeiter aufgrund von dessen unbefriedigenden Leistungen trennen, so muss bei einem ggf. folgenden Arbeitsgerichtsprozess ein Nachweis der nicht vertragsgemäßen Leistung erbracht werden. Bei einer personenbedingten Kündigung bezieht sich der Nachweis darauf, dass der Mitarbeiter die Fähigkeit und Eignung nicht besitzt, die dem Arbeitgeber geschuldete Leistung zukünftig zu erbringen. Bei der verhaltensbedingten Kündigung muss nachgewiesen werden, dass eine Vertragsverletzung im Leistungsbereich (durch Vorsatz oder Fahrlässigkeit) mit ungünstiger Prognose vorliegt, d. h. dass mit Wiederholung zu rechnen ist oder das Verhalten Wirkungen hat, die eine gedeihliche Fortsetzung des Arbeitsverhältnisses ausschließen. In beiden Fällen hat der Arbeitgeber die Pflicht, den Nachweis der Leistungsmängel zu erbringen. Das wird erheblich erleichtert, wenn dank regelmäßiger Aufzeichnungen und Beurteilungen gezeigt werden kann, welche Leistungen erbracht wurden.

Dokumentierte Leistungsmängel erleichtern Entlassungen

1.5 Betrieblicher Nutzen

Leistungsbeurteilungen dienen in Unternehmen ganz unterschiedlichen Zwecken (Zielen, Funktionen), die häufig auch gleichzeitig durch ein und dasselbe Beurteilungssystem erreicht werden sollen. Auf der Grundlage einer Befragung in mehr als 100 Wirtschaftsunternehmen nahmen Cleveland, Murphy und Williams (1989) eine Kategorisierung in vier Arten von

Funktionen vor, die von Leistungsbeurteilungen erfüllt werden sollen. Tabelle 3 zeigt die Kategorien mit Verwendungsbeispielen. Die Verwendung für interpersonale (über Personen hinweg) und intrapersonale (auf eine Person bezogene) Entscheidungen wird dabei als deutlich wichtiger gesehen als die für systemstützende und Dokumentationsfunktionen.

Tabelle 3:
Verwendungsarten von Leistungsbeurteilungen

Ziele der Leistungsbeurteilung

Art der Verwendung	Fokus	Beispiele
Interpersonale Entscheidungen	Gesamtleistung der Individuen	Gehaltsentscheidungen, Beförderung/Platzierung, Weiterbeschäftigung, Anerkennung von Leistungsträgern
Intrapersonale Entscheidungen	Leistungsprofil der Individuen	Identifikation des individuellen Entwicklungsbedarfs, Rückmeldung zur Leistung, Aufgabenzuweisung, Identifikation des individuellen Stärken- und Schwächenprofils
Unternehmensstützende Funktionen	Aggregierte Leistungsdaten	Personalplanung, Identifikation organisationaler Entwicklungsbedarfe, Bestimmung der Zielerreichung, Einführung und Evaluation von Personalsystemen, Bestätigung hierarchischer Strukturen
Dokumentation	Aggregierte und individuelle Leistungsdaten	Identifikation von Kriterien zur Evaluation (z. B. von Auswahlentscheidungen, -verfahren), Dokumentation von Personalentscheidungen, Erfüllung gesetzlicher Anforderungen

Beachte: Allerdings können in der Regel nicht alle Zwecke gleichzeitig befriedigend durch ein und dasselbe Beurteilungssystem erreicht werden, da sie unterschiedliche Voraussetzungen haben und unterschiedliche Anforderungen an die beurteilende Person stellen.

Leistungssteigerung durch Feedback

Im Allgemeinen wird davon ausgegangen, dass Feedback zu einer Steigerung der Leistung führt (z. B. Schuler & Klingner, 2005). Beispielsweise konnten Guzzo, Jette und Katzell (1985) Steigerungen von mehr als 15 Prozentpunkten der durchschnittlichen Leistung nachweisen. Die Befunde sind aber keineswegs einheitlich (Seifert, Yukl & McDonald, 2003). In einer Metaanalyse bzgl. der Wirkung von Feedback zu Führungsverhalten zeigte sich, dass Verbesserungen durch Rückmeldungen von einem Feedbackzeitpunkt zum nächsten eher gering waren, unabhängig davon, ob das Feedback von Mitarbeitern, Kollegen oder Vorgesetzten gegeben wurde (Smither, London & Reilly, 2005). Verbesserungen durch Feedback können nach Erkenntnis der Autoren nicht von allen erwartet werden, sondern hängen von der beurteilten Person ab. Sie sind wahrscheinlicher, wenn die Beurteilten die Notwendigkeit einer Verbesserung erkennen, eine positive Einstellung gegenüber Feedback haben, eine Änderung für erreichbar halten, und sich selbst entsprechende Ziele setzen und zielgerichtete Handlungen ergreifen.

Bedingungen für die Wirksamkeit von Feedback

Speziell bei einer ablehnenden Einstellung gegenüber dem Beurteilungsverfahren sind bei negativem Feedback auch negative Reaktionen zu erwarten. Diese sind nicht im fähigkeitsbezogenen, sondern im motivationsbezogenen Bereich der Leistungsvoraussetzungen zu sehen. Welche Konsequenzen Motivationsverluste für das unternehmerische Ergebnis haben können, wird an anderer Stelle dargestellt (Lohaus & Habermann, 2002). Negative Reaktionen auf Feedback und Vorgehensweisen, durch welche sie verringert werden können, werden in Kapitel 4.7 beschrieben.

Konsequenzen des Verzichts auf Leistungsbeurteilungen

In den vorangegangenen Abschnitten wurde der vielfältige Nutzen von Leistungsbeurteilungen dargestellt. Unternehmen, die sich gegen systematische Leistungsbeurteilungen entscheiden, verzichten auf diesen Nutzen. Während motivierende und verhaltenssteuernde Wirkungen auch durch andere Maßnahmen zu erreichen wären, sind Leistungsbeurteilungen aber unverzichtbare Grundlage für Personalentscheidungen, die arbeitsrechtliche Konsequenzen nach sich ziehen können, wie sie im vorangegangen Abschnitt (vgl. Kapitel 1.4) dargestellt wurden.

Alternativen zur Leistungsbeurteilung

Leistungsbeurteilungen stellen in Wirtschaftsunternehmen die übliche Grundlage für Personalentscheidungen dar und werden im Allgemeinen von Organisationsmitgliedern gut akzeptiert. Was wären denkbare Alternativen zu dieser Grundlage? In der öffentlichen Verwaltung wird beispielsweise mindestens zusätzlich die Ausbildung(sstufe) als Basis für die Gehaltseinstufung gewählt und Erhöhungen werden z. B. auch aufgrund von Alter und familiärer Situation gewährt. Das sind Kriterien, die sich auf eine erwartete Leistungsfähigkeit beziehen (im Fall des Kriteriums Ausbildung), auf die Annahme, dass mit zunehmender Zeit berufsrelevante Erfahrung gesammelt wird (z. B. im Fall der Kriterien Alter, Betriebszugehörigkeit oder Anzahl der Berufsjahre) oder darauf, dass unterschiedliche Lebenssituationen mit unterschiedlicher Bedürftigkeit verbunden sind (im Fall von familien- oder ortsabhängiger Gehaltsbestandteile). Alle Kriterien sind dadurch gekennzeichnet, dass sie in keinem direkten Zusammenhang

Leistung als Grundlage für Personalentscheidungen wird akzeptiert

zum beruflichen Handeln stehen. Sie werden daher häufig als nicht gerecht empfunden. Die Kritik an der Anwendung solcher Kriterien richtet sich darauf, dass sie sich stärker an potenziellen als an tatsächlichen Leistungen orientieren. Natürlich könnte außerdem auch völlig darauf verzichtet werden, Kriterien zu verwenden, die in Zusammenhang mit Leistung, Leistungsfähigkeit oder Bedürftigkeit stehen. Denkbar wären hier allgemeine Grundsätze wie Willkür, Zufall oder Gleichbehandlung. Jedoch ist bei ihrer Anwendung große Unzufriedenheit der Betroffenen im Vergleich zur Verwendung leistungsbezogener Kriterien als Grundlage für Personalentscheidungen zu erwarten. Außerdem ist zu erwarten, dass die Erreichung der Unternehmensziele durch diese Kriterien weniger gefördert würde als durch leistungsbezogene Kriterien.

Sozialisation und Vermittlung der Unternehmenskultur

Neben dem betrieblichem Nutzen, der die Ziele beschreibt, die direkt durch die Verwendung von Leistungsbeurteilungssystemen angestrebt werden, gibt es weitere Vorteile. Diese „positiven Nebeneffekte" werden im Folgenden beschrieben.

Beurteilungssysteme vermitteln das Wertegefüge des Unternehmens

Das Verfahren der Leistungsbeurteilung und seine Inhalte vermitteln den beteiligten Personen wichtige Bestandteile der Unternehmenskultur. Speziell bei neuen Mitarbeitern ist es wichtig, dass sie rasch eingearbeitet werden und produktiv sind. Durch das Leistungsbeurteilungssystem kann ihnen nachhaltig vermittelt werden, welche Verhaltensweisen und Ergebnisse im Unternehmen geschätzt werden. Aus der Art und der Wahl der Beurteilungskriterien (z. B. ob es eher um die strikte Beachtung von Vorgaben geht oder um initiatives Verhalten, das Prozessverbesserung zum Ziel hat) sowie aus der Art der Gesprächsführung können neue Mitarbeiter Hinweise auf angestrebte Werte (z. B. Durchsetzung versus Teamorientierung), Arbeitsstile und Kommunikationsstile (offen und direkt vs. durch Andeutungen) erhalten. Im Gegenzug heißt das natürlich auch, dass das Leistungsbeurteilungssystem genutzt werden kann, um die angestrebte Unternehmenskultur aktiv zu gestalten. Werden bestimmte Werte und Vorgehensweisen im System berücksichtigt (z. B. hohe Transparenz, offene Kommunikation, konstruktives Feedback, das Gewähren einer weiteren Chance nach Misserfolgen), konsequent umgesetzt und durch das Personalmanagement und die Unternehmensleitung vertreten, so werden diese mit höherer Wahrscheinlichkeit von den anderen Unternehmensangehörigen ebenfalls gelebt.

Arbeitsplatzgestaltung

Ein weiteres Nebenziel des Leistungsbeurteilungssystems kann im Bereich der Arbeitsplatzgestaltung gesehen werden. So ist es denkbar, dass im Verlauf des Beurteilungsgesprächs Ursachen für Verhaltensweisen und

Leistungen vom Mitarbeiter thematisiert werden, die in der Arbeitssituation und/oder dem Design des Arbeitsplatzes begründet liegen. Beispielsweise kann es vorkommen, dass Mitarbeiter ihre Leistungsmängel durch schlecht angeordnete Arbeitsgeräte, mangelnde Verfügbarkeit von Materialien oder Mängel im Informationsfluss erklären können. Dieses Gespräch kann also Innovationsanstöße im Sinne eines kontinuierlichen Verbesserungsprozesses geben und wird dann zum Anlass genommen, den Arbeitsplatz oder Arbeitsprozesse effizienter zu gestalten, wodurch auch der Mitarbeiter seine Leistung entsprechend steigern kann.

Entwicklung der Beurteiler

Nicht zuletzt ist zu erwähnen, dass ein Leistungsbeurteilungssystem auch konkrete Anforderungen an die beurteilenden Personen, d. h. typischerweise die Vorgesetzten, stellt. Beispielsweise werden bei der Verwendung von Zielsetzungsverfahren die Führungskräfte dazu angehalten, ihren Mitarbeitern konkrete und nachvollziehbare Ziele zu setzen, die eine spätere Einschätzung des Erfüllungsgrades erlauben. Diese Anforderung setzt für manche Führungskraft eine Strukturierung ihres Bereiches voraus, die bis dahin nicht notwendig war. Außerdem sind Führungskräfte dazu gezwungen, ihren Mitarbeitern in angemessener Weise Feedback zu deren Leistungen zu geben. Das heißt, sie müssen die Leistungen sorgsam wahrnehmen und einschätzen sowie ihre Eindrücke in verständlicher und sozial akzeptierter Weise kommunizieren. Der Leistungsbeurteilungsprozess trägt damit dazu bei, die Führungskompetenz der Führungskräfte zu entwickeln.

2 Modelle der Leistungsbeurteilung

In diesem Kapitel geht es um Erkenntnisse darüber, aus welchen Komponenten die systematische Leistungsbeurteilung in Unternehmen besteht und wie diese zusammenhängen. Im ersten Abschnitt wird ein Überblick über die Komponenten wie beispielsweise Beurteilungsinstrument und beteiligte Personen gegeben. Im zweiten Abschnitt werden drei Modelle zu einem zentralen Bereich des Leistungsbeurteilungsprozesses vorgestellt. Dabei handelt es sich um Vorstellungen darüber, welche gedanklichen (kognitiven) Prozesse im Beurteiler ablaufen. Diese Konstrukte bilden den komplexesten Teil des Leistungsbeurteilungsprozesses. Das erste Modell, das von Brandstätter, ist am wenigsten detailliert, aber dafür sehr praxisnah. Die beiden folgenden Modelle wurden auf der Grundlage der Ergebnisse einer Vielzahl von empirischen Studien entwickelt. Sie bilden den aktuellen Stand der Wissenschaft davon ab, welche Komponenten am Ur-

Die größte Aufmerksamkeit gilt den gedanklichen Prozessen des Beurteilers

teilsprozess beim Beurteiler beteiligt sind und wie sie zusammenhängen. Keines dieser beiden Modelle hat bislang eine endgültige Bestätigung gefunden. Sie bieten aber den Rahmen für neue Forschungsvorhaben. Im letzten Teil des Kapitels werden dann Erkenntnisse zur Qualität der Einschätzungen durch Beurteiler dargestellt.

2.1 Komponenten und Prozess der Leistungsbeurteilung

Die Leistungsbeurteilung ist eines der gut erforschten Gebiete der Psychologie. Ausgehend von Modellen des Urteilsprozesses wie dem von Landy und Farr (1983), das in Abbildung 5 beispielhaft dargestellt ist, gibt es Studien zu allen am Urteilsprozess beteiligten Komponenten.

An Beurteilungen beteiligte Faktoren

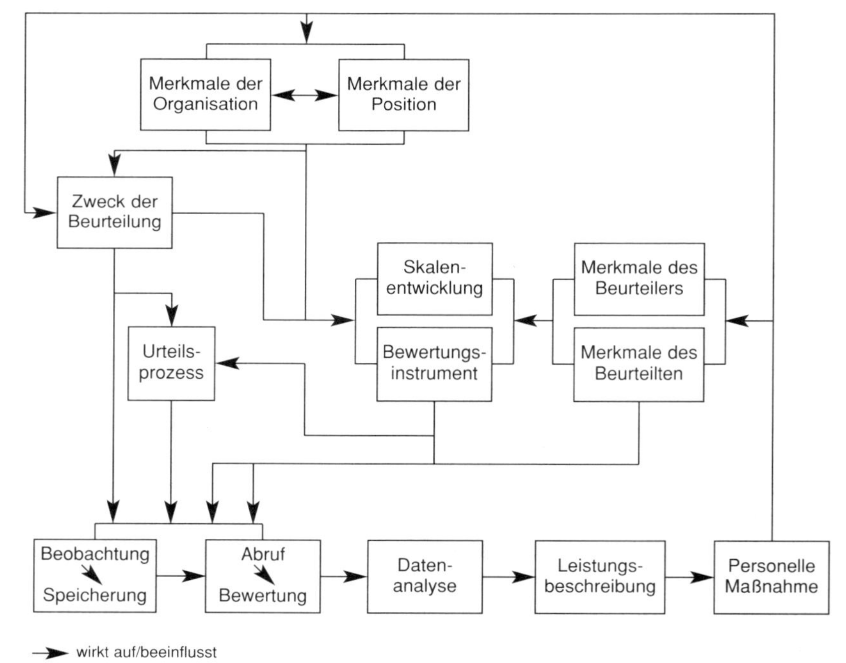

Anmerkung: Da die Beobachtung und Speicherung von Leistungsverhalten sowie der Abruf aus dem Gedächtnis und die Bewertung bei der Untersuchung kaum zu trennen sind, wurden sie von den Autoren zusammengefasst.

Abbildung 5:
Ein Prozessmodell der Leistungsbeurteilung
(Landy & Farr, 1983, S. 96, eigene Übersetzung)

Aus der Abbildung wird deutlich, dass für Leistungsbeurteilung nicht nur die beteiligten Personen maßgeblich sind, sondern auch Merkmale der Organisation und der der Bewertung zugrunde liegenden Position sowie das Beurteilungsinstrument mit den für seine Anwendung festgelegten Bedingungen. Es wird ersichtlich, dass Merkmale der Organisation und Position sich nicht nur gegenseitig beeinflussen, sondern auch auf den Zweck der Beurteilung und die Entwicklung und Endfassung des Bewertungsinstruments wirken und ihrerseits durch die aufgrund der Leistungsbeurteilung getroffenen Personalmaßnahmen beeinflusst werden. Die Entwicklung des Beurteilungsinstruments und seine endgültige Form werden außerdem durch den Zweck der Beurteilung und die beteiligten Personen beeinflusst. Das Urteilsinstrument bestimmt ebenso wie der Zweck der Beurteilung auf welche Weise der Urteilsprozess ablaufen soll. Die sequenziell ablaufenden kognitiven Prozesse des Beurteilers (die Kästchen in der „untersten Reihe" der Abbildung) werden sowohl durch den Zweck der Beurteilung, den Urteilsprozess, das Instrument mit seinen Skalen sowie durch Merkmale der beteiligten Personen beeinflusst. Sie münden in die personelle Maßnahme, die auf der Grundlage der Leistungsbeurteilung ergriffen wird.

Beachte: Bis zu Beginn der 80er Jahre des letzten Jahrhunderts konzentrierten sich die Bemühungen zur Verbesserung von Leistungsurteilen auf die Entwicklung guter Bewertungsskalen und das Training der Beurteiler (Ilgen, Barnes-Farrell & McKellin, 1993). Erst dann wurde der Schwerpunkt auf die Erforschung der kognitiven Prozesse der Beurteiler gelegt, wobei die Beurteiler als Entscheider gesehen wurden, die soziale (also auf Menschen bezogene) Informationen verarbeiten.

Es wurden verstärkt Modelle der kognitiven Anteile des Urteilsprozesses formuliert. Im Folgenden werden zunächst Modelle des kognitiven Urteilsprozesses dargestellt, bevor auf die Qualität der im Prozess gewonnenen Urteile eingegangen wird.

2.2 Die kognitiven Anteile des Urteilsprozesses

Kognitive Modelle (d. h. solche, die sich mit den gedanklichen Anteilen des Urteilsprozesses beim Beurteiler beschäftigen) betrachten die bei der Beurteilung ablaufenden Vorgänge als Informationsverarbeitungsprozess mit den vier Phasen von erstens Beobachtung bzw. Informationsaufnahme, zweitens Enkodierung der Information, drittens Speicherung sowie viertens Abruf und Wiedergabe (Marcus & Schuler, 2006). Die einflussreichsten Modelle stammen von Feldman (1981), Landy und Farr (1983) sowie DeNisi, Cafferty und Meglino (1984). Das Modell von Feldman bezieht sich allerdings eher auf den Prozess der Urteilsbildung über Menschen all-

Vier Phasen der Informationsverarbeitung

gemein als spezifisch auf den Prozess der Leistungsbeurteilung. Da Landy und Farr Ideen von Feldman aufgegriffen haben und ihr Modell spezifisch für Leistungsbeurteilungsprozesse formuliert haben, werden im Folgenden die Modelle von Landy und Farr sowie von DeNisi und Kollegen beschrieben. Kritikpunkte an diesen Modellen sehen Marcus und Schuler in erster Linie im Mangel an praktischer Umsetzbarkeit der Ergebnisse sowie darin, dass motivationale, affektive und situative Faktoren, die die Beurteilung beeinflussen, in den Modellen in geringerem Maß berücksichtigt werden als im weniger spezifischen Modell von Brandstätter (1969, zitiert nach Marcus & Schuler, 2006). Daher wird das Modell von Brandstätter ebenfalls dargestellt und seiner geringeren Ausdifferenzierung wegen vor den anderen Modellen behandelt. Die Informationsverarbeitungsschritte in den Modellen von Landy und Farr sowie DeNisi und Kollegen gleichen sich sehr stark. Außerdem gibt es deutliche Parallelen bezüglich der Einflussfaktoren auf die Informationsverarbeitung in den Modellen von Brandstätter und DeNisi et al.

2.2.1 Ebenenmodell von Brandstätter

Bei Leistungsbewertungen handelt es sich um einen Prozess der sozialen Urteilsbildung, d. h. der Urteilsbildung über Menschen, bei dem verschiedene Menschen zu unterschiedlichen Urteilen kommen können. Nach dem Modell von Brandstätter (1969), das von Schuler aktualisiert wurde (Schuler, 2004a; Schuler & Marcus, 2004), können unterschiedliche Bewertungen verschiedener Urteiler über dieselbe Person auf drei Ebenen erklärt

Drei Ebenen der Verarbeitung = Beobachtung, Interpretation und Beschreibung von Verhalten

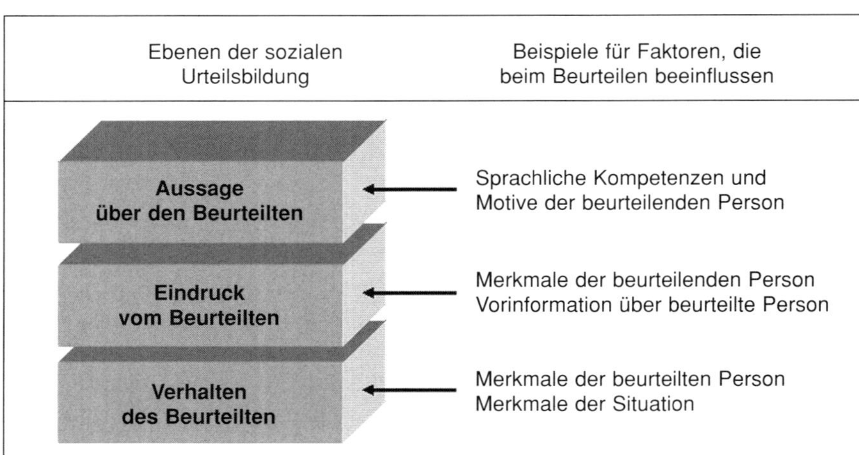

Abbildung 6:
Ebenen-Modell der sozialen Urteilsbildung

werden. Zum einen kann das Verhalten der beurteilten Person unterschiedlich wahrgenommen worden sein. Es können sich zweitens Unterschiede in der Interpretation der Beobachtungen ergeben und drittens können trotz gleicher Beobachtung und Interpretation die Aussagen über die Leistung voneinander abweichen. Auf jeder Ebene wirken verschiedene Faktoren als Filter für die Wahrnehmung und Informationsverarbeitung, die in der Person des Urteilers, des Beurteilten oder des Kontextes, d. h. der Situation und des Arbeitsumfeldes, liegen. Die Einflüsse, die auf den drei Verarbeitungsebenen wirksam sein können, werden im Folgenden beschrieben. Das Modell ist schematisch in Abbildung 6 dargestellt.

- *Ebene des Verhaltens*

Auf der Ebene des wahrgenommenen Verhaltens der beurteilten Person spielen Merkmale der Person eine Rolle. Das können die Ausbildung oder die tätigkeitsbezogenen und überfachlichen Fähigkeiten und Kenntnisse der Zielperson sein. Außerdem haben Merkmale der Situation Einfluss wie die Arbeitsbedingungen, der Anregungsgehalt der Tätigkeit und die Anwesenheit anderer Personen wie Kollegen oder Kunden. Weiterhin sind Umfeldvariablen zu beachten. Damit ist u. a. die persönliche Situation des Beurteilten gemeint, die die Leistungen vorübergehend beeinflussen kann wie beispielsweise familiäre Probleme. Sie spielen nur eine Rolle, sofern der Beurteiler Einblick in sie hat. Welches Verhalten der Beurteiler wahrnimmt, wird nicht nur von den beschriebenen Faktoren beeinflusst, sondern auch durch den Beurteiler selbst. Seine Beobachtung ist nicht objektiv, sondern gefiltert durch seine Wahrnehmung und seine Interpretation. So bemerkt der Beurteiler möglicherweise einige relevante Situationsmerkmale, während andere seiner Aufmerksamkeit entgehen. Auf der Grundlage dieser (immer unvollständigen Wahrnehmung) interpretiert er seine Beobachtungen. Wichtig ist dabei, in welchem Ausmaß der Beurteiler die beurteilte Person als verantwortlich für diese Faktoren ansieht. So würde beispielsweise eine schlechte materielle Ausstattung des Arbeitsplatzes, die dem Mitarbeiter die Erledigung seiner Aufgaben erschwert, diesem nicht angelastet werden. Geringe Kenntnisse des Fachgebiets hingegen würde ihm zugeschrieben werden, speziell wenn der Vorgesetzte weiß, dass der Mitarbeiter die Möglichkeit hatte, seine Fachkenntnisse auszuweiten. Außerdem muss beachtet werden, dass der Beurteiler die Zielperson nicht permanent beobachtet, sondern immer nur zeitlich begrenzte Ausschnitte des Verhaltens erlebt, die unterschiedlich repräsentativ für die Gesamtleistung sein können. So arbeiten Vorgesetzte und Mitarbeiter häufig nicht im selben Büro und verbringen nur einen geringen Teil der Arbeitszeit gemeinsam. Bekommt der Vorgesetzte bei einer der u. U. wenigen gemeinsamen Arbeiten einen der seltenen Fehler des Mitarbeiters mit, wiegt dieser unter Umständen unverhältnismäßig schwer in der Beurteilung und vermutlich schwerer, als wenn der Fehler in Abwesenheit des Vorgesetzten passiert wäre.

Beobachtung ist nicht objektiv

Verantwortlichkeit für Verhalten

Der Einfluss des Beurteilers

• *Ebene des Eindrucks*
Bezüglich der Ebene des Eindrucks stehen die Merkmale (z. B. Absichten und Persönlichkeit) des Beurteilers im Mittelpunkt. Kognitive, motivationale und emotionale Faktoren nehmen maßgeblichen Einfluss auf die Eindrucksbildung. Das sind u. a. die Verarbeitungskapazität des Beurteilers, sein eigenes Leistungsniveau und Ansprüche an die Leistungen anderer, eigene Erfahrungen, persönliche Interessen und Werthaltungen. Aber auch Vorinformationen oder Vorurteile über die beurteilte Person und Sympathie für sie wirken sich aus. Die aktuelle eigene Gefühlslage beeinflusst ebenfalls die Interpretation und Bewertung der wahrgenommenen Verhaltensweisen.

• *Ebene der Aussage*
Die Ebene der Aussage stellt schließlich eine Variante des intern gebildeten Urteils dar. Bei der freien Formulierung von Leistungsbewertungen spielen die kommunikativen Fähigkeiten des Beurteilers eine Rolle. Aber auch, wenn eine Urteilsskala vorgegeben ist, gibt es Einflüsse durch die kommunikativen Fähigkeiten. So wirken sich das Verständnis des Urteilsinstrument, d. h. der verwendeten Skalen und Ausdrücke, und die Einstellung des Beurteilers gegenüber dem Instrument auf die Bewertung aus. Zudem darf nicht vergessen werden, dass zum Zeitpunkt der Urteilsabgabe die aktuelle Situation und die in ihr geltenden Absichten des Beurteilers eine Rolle spielen, die nicht deckungsgleich mit jenen sein müssen, die zum Zeitpunkt der Beobachtung des Verhaltens wirksam waren. Ebenso wirkt sich der Zweck der Beurteilung (vgl. Kapitel 3.1) darauf aus, welche formale Einschätzung über die Zielperson abgegeben wird. Der Beurteiler wird also immer mit berücksichtigen, welche Konsequenzen die Bewertung für ihn selbst hat.

2.2.2 Modell von Landy und Farr

Bezug nehmend auf ihr allgemeines Modell des Leistungsbeurteilungsprozesses, das in Abschnitt 2.1 dargestellt wurde, haben Landy und Farr (1983) die kognitiven Prozesse, die an der Leistungsbeurteilung beteiligt sind (s. Abb. 7), näher beschrieben. Zur besseren Verständlichkeit wird für jeden Verarbeitungsschritt im Text ein Beispiel aufgeführt.

Kenntnis des Beurteilungsinstrumentes beeinflusst die Wahrnehmung von Verhalten

• *Vorverarbeitung*
Die Vorverarbeitung von Informationen ist durch verschiedene Faktoren gesteuert. Häufig erhalten Beurteiler vor der Anwendung eines Leistungsbeurteilungssystems ein entsprechendes Beurteilertraining. Die Inhalte des Trainings ebenso wie Merkmale des Beurteilungsformulars und der zugehörigen Anwendungsvorschriften führen dazu, dass spätere Verhaltensbeobachtungen nicht zufällig, sondern durch diese Vorinformationen gesteuert sind.

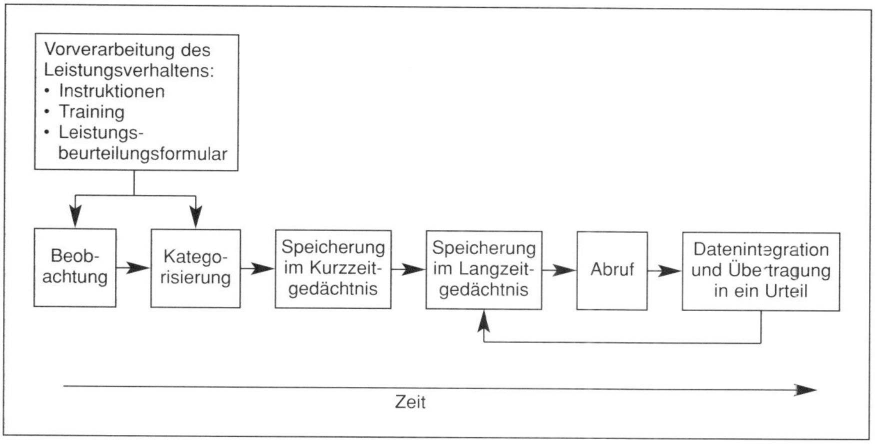

Abbildung 7:
Der zeitliche Ablauf der kognitiven Anteile im Beurteilungsprozess (nach Landy & Farr, 1983, S. 108, eigene Übersetzung)

Beispiel
Stellen Sie sich vor, eine Führungskraft erhält ein Training zum neuen Beurteilungsinstrument. Das Instrument sieht vor, dass neben anderen Kriterien für jeden Mitarbeiter das Organisationsvermögen, unternehmerisches Denken und Handeln, die Initiative und die Kommunikationsfähigkeit beurteilt werden sollen. Kundenorientierung wird hingegen nicht beurteilt. Der Vorgesetzte wird nach diesem Training speziell auf die erstgenannten Aspekte, d.h. Organisationsvermögen usw. bei seinem Mitarbeiter achten, weniger aber auf dessen Kundenorientierung. Hätte er nicht am Beurteilertraining teilgenommen, hätte er auf die Kundenorientierung geachtet, weil er sie für wichtig hält.

• *Beobachtung*

Kategorisierung aufgrund subjektiver Vorstellungen von Leistung

Bei der Beobachtung von Verhalten spielt zusätzlich eine Rolle, dass jeder Urteiler eine individuelle Vorstellung davon hat, was Arbeitsleistung ausmacht. Diese Überzeugungen, die auch die individuelle Theorie der Berufsleistung genannt werden, lenken die Aufmerksamkeit während der Phase der Verhaltensbeobachtung. Es kommt außerdem zu unbewussten Kategorisierungen der Person (Feldman, 1981), die sich nach Äußerlichkeiten wie Geschlecht, Ethnie, körperlichen Merkmalen und Kleidung etc. richten. Allerdings ist anzunehmen, dass in Kontexten, in denen Menschen dauerhaft miteinander umgehen, wie es bei Leistungsbeurteilungssituationen in Unternehmen typischerweise der Fall ist, diese Aspekte eine geringere Rolle spielen. Es sei denn, es handelt sich um permanent herausragende Merkmale, die dem Beurteiler extrem ge- oder missfallen. Je stärker sich das Arbeitsverhalten in Übereinstimmung mit den Erwartungen des Beurteilers befindet, desto eher wird es automatisch registriert und gespeichert.

Beispiel
Während der Vorgesetzte die o. g. genannten Kriterien beobachtet, beeinflussen ihn seine Ideen darüber, was einen erfolgreichen Mitarbeiter ausmacht. Herr X beeindruckt ihn in dieser Hinsicht besonders, denn er ist groß gewachsen, kleidet sich immer korrekt, drückt sich gewählt aus und besitzt gute Manieren. Nach Überzeugung des Vorgesetzten hat dieser Mann das Potenzial, eine höhere Position im Unternehmen einzunehmen.

- *Kategorisierung und Speicherung*

Während der Beobachtung findet außerdem eine Kategorisierung des wahrgenommenen Verhaltens statt, um die Informationsmenge und -komplexität zu reduzieren. Diese Kategorisierung richtet sich u. a. nach der Ähnlichkeit des beobachteten Verhaltens zu bisherigem Verhalten und dem Zweck, der mit der Leistungsbeurteilung verbunden ist (z. B. Foti & Lord, 1987; Williams, DeNisi, Blencoe & Cafferty, 1985). Die wiederholte Aktivierung derselben Kategorie erhöht deren Zugänglichkeit, was wiederum die Wahrscheinlichkeit einer zukünftigen Aktivierung erhöht (Wyer & Srull, 1989). Das heißt, wird bei ähnlichen Beobachtungen (z. B. Gespräch mit Kunden, Meeting mit Kollegen, Diskussion mit Vorgesetztem) immer wieder die gleiche Kategorisierung (z. B. zurückhaltend) vorgenommen, fällt sie dem Beurteiler mit größerer Wahrscheinlichkeit auch bei der nächsten Beobachtung gleichartigen Verhaltens ein. Die Anzahl und Art der verwendeten Kategorien wird durch die subjektive Leistungstheorie des Beurteilers beeinflusst. Nur ein Teil der beobachteten und kategorisierten Leistungsinformation geht vom Kurzzeit- ins Langzeitgedächtnis über.

Kategorisierungen verstärken sich selbst

Beispiel
Der Vorgesetzte hat nicht dauernd Kontakt zu seinem Mitarbeiter Herrn X, da sie in unterschiedlichen Büros tätig sind. Aber bei ihrer Zusammenarbeit fällt dem Vorgesetzten immer wieder auf, dass Herr X mit anderen Leuten gut umgehen kann; seine Gesprächspartner verstehen immer genau, was er meint, weil er sich so klar ausdrücken kann. Alle Beobachtungen sprechen dafür, dass Herr X eine ausgeprägte Kommunikationsfähigkeit hat. Während sich der Vorgesetzte zu Beginn seiner Beobachtungen darüber bewusst Gedanken gemacht hat, registriert er inzwischen die Interaktionen von Herrn X mit Kollegen und Kunden als gutes Kommunikationsverhalten, ohne sich detaillierter damit zu beschäftigen.

• *Abruf*
Zum Zeitpunkt der Leistungsbeurteilung muss die gespeicherte Information aus dem Gedächtnis abgerufen werden. Dieser Abruf erfolgt typischerweise nicht als Erinnerung an spezifische Leistungsepisoden oder einzelne Verhaltensweisen, sondern zusammengefasst und auf der Basis von Personenkategorien. Das heißt, es werden eher Eigenschaften oder generelle Leistungseinschätzungen erinnert. Faktoren, die den Abruf beeinflussen, sind die Konsistenz der Informationen, die wahrgenommene Relevanz für die Beurteilung und die Zeitspanne, die seit der Einspeicherung vergangen ist.

Es werden eher Eigenschaften als spezifische Ereignisse erinnert

Beispiel

Seit Einführung der Leistungsbeurteilung anhand des grob beschriebenen Systems hat der Vorgesetzte Herrn X als einen sehr fähigen Mitarbeiter kategorisiert, der Chancen hat, sich im Unternehmen weiterzuentwickeln. Speziell ist ihm aufgefallen, dass er hohes Organisationstalent, gute Kommunikationsfähigkeiten, businessgemäßes Auftreten und ausgeprägtes unternehmerisches Denken und Handeln zeigt. Erst nach einigem Nachdenken kann er für diese Eindrücke auch ein paar konkrete Situationen benennen, in denen er entsprechendes Verhalten beobachtet hat.

• *Datenintegration und Übertragung in ein Urteil*
Zum Zeitpunkt der Urteilsabgabe, d. h. wenn der Urteiler seine Einschätzung auf dem Beurteilungsformular dokumentiert oder seine Einschätzung gegenüber einer anderen Person äußert, werden unterschiedliche Leistungsinformationen integriert, wobei den vorgenannten Faktoren wie subjektiven Leistungstheorien, Zweck der Beurteilung (z. B. Murphy, Philbin & Adams, 1989) etc. wiederum Einfluss zukommt. Die in schriftlicher oder mündlicher Form geäußerte Bewertung kann von der Leistungseinschätzung abweichen, da sie durch gegenwärtig wirkende Faktoren wie Motive des Beurteilers (z. B. einen guten Mitarbeiter im Team halten, anstatt ihn durch Beförderung zu verlieren; variable Gehaltsbestandteile, die an die Leistungsbeurteilung geknüpft sind, gezielt beeinflussen) sowie unternehmenspolitische Erwägungen und Merkmale des Beurteilungsformulars bestimmt ist. Der Einfluss der Haltungen und Motive der Beurteiler auf Leistungsbewertungen wird in Abschnitt 2.3.3 dargestellt.

Einfluss durch Zweck und Motive

Beispiel

Kurz bevor die formale Leistungsbeurteilung ansteht, wird der Vorgesetzte von Seiten des Personalmanagements und seines Vorgesetzten darauf angesprochen, er möge sich Gedanken um eine Nachfolgeplanung in seiner Abteilung machen und jemanden benennen, der seine Position mittelfristig übernehmen könne. Diese Ankündigung weckt Ängste beim

Vorgesetzten, man könne versuchen, ihm eine neue Aufgabe zuzuweisen oder ihn dazu drängen, in Vorruhestand zu gehen. Aus dieser Angst heraus gibt er ein weniger positives Urteil über Herrn X ab als es seiner tatsächlichen Einschätzung entspricht. Er kann auf dieser Grundlage besser rechtfertigen, dass aktuell keiner seiner Mitarbeiter geeignet ist, seine Nachfolge anzutreten.

2.2.3 Modell von DeNisi, Cafferty und Meglino

Konsequenzen von Beurteilungen beachten

DeNisi und Kollegen (1984) sehen die Neuerung in ihrem Modell gegenüber vorherigen in erster Linie darin, dass es den Zweck der Beurteilung in den Vordergrund der Betrachtung rückt und die beurteilende Person als aktiv nach Information suchend konzipiert. Außerdem plädieren sie dafür, die Konsequenzen, die die Beurteilung für die beurteilte wie die beurteilende Person hat, einzubeziehen. Ebenso wie Landy und Farr (1983) gehen sie von den Verarbeitungsschritten Beobachtung, Enkodierung, Speicherung, Abruf und Urteilsabgabe aus, die sequenziell und aufeinander bezogen ablaufen. Im Vergleich zum Modell von Landy und Farr gehen die Autoren stärker auf die kognitiven Subprozesse der Verarbeitungsschritte ein, die durch den Kontext und die beurteilende Person beeinflusst werden. Eine schematische Darstellung des Modells findet sich in Abbildung 8.

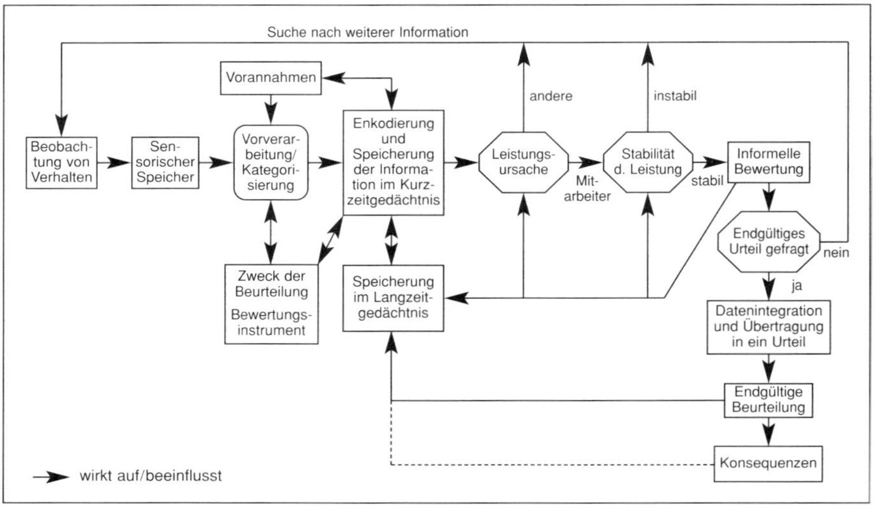

Abbildung 8:
Modell der kognitiven Informationsverarbeitung bei der Leistungsbeurteilung (nach DeNisi et al., 1984, S. 363, eigene Übersetzung)

Phase der Beobachtung

DeNisi und Kollegen gehen davon aus, dass Beurteiler eine Vorstellung davon haben, welche Art von Information für sie diagnostisch relevant ist. Diese Entscheidung lenkt ihre aktive Suche nach Information. Beobachtungen von beurteilungsrelevantem Verhalten und dessen Ergebnissen (vgl. Abschnitt 3.2) finden sowohl gezielt als auch zufällig im Verlauf der alltäglichen Interaktion statt. Bei der Beobachtung wird gleichzeitig eine Analyse der Ursachen für Leistungen durchgeführt. Hierfür werden Vergleiche mit der Leistung anderer Mitarbeiter sowie mit Leistungen der beurteilten Person in der Vergangenheit bei identischen und anderen Aufgaben angestellt.

Informationssuche ist aktiv gesteuert

Faktoren der Informationssuche
– Vorinformationen über die beurteilte Person – Der Zweck der Beurteilung – Das verwendete Urteilsinstrument – Die zur Verfügung stehende Zeit

Die Vorinformation kann sich auf frühere Eindrücke von der Person, vorherige Beurteilungen oder auf Informationen beziehen, die der Beurteiler von anderen Personen über die Zielperson erhalten hat. Je nach Vorinformation wird bereits in der Phase der Beobachtung ein kognitives Schema zur Interpretation und Kategorisierung von Verhalten aktiviert. Ein solches Schema, wie z. B. „fähiger Mitarbeiter", kann relativ global sein. Es gibt widersprüchliche Forschungsergebnisse dazu, ob die Beurteiler eher Information suchen, die ihre bisherige Einschätzung bestätigt, also mit dem Schema übereinstimmt und daher keine Änderung notwendig macht, oder ob sie stärker auf diagnostisch relevante Information achten, weil sie ihnen das differenziertere Urteil im Vergleich zu einer rein auf Bestätigung ausgerichteten Informationssuche erlaubt. Mehrfach bestätigt wurde allerdings der Effekt, dass unter Zeitdruck weniger Information gesammelt und negative Information stärker beachtet wird. Bezüglich des Zwecks der Beurteilung weisen die Autoren darauf hin, dass stärker zwischen Personen verglichen wird, wenn es um die Entscheidung über eine Beförderung geht. Ist das Ziel hingegen, über Gehaltsanpassungen zu entscheiden, so wird stärker darauf geachtet, wie gut die beurteilte Person einzelne Bereiche ihrer Tätigkeit erledigt. Kennt der Beurteiler das später zu verwendende Urteilsinstrument, so werden sowohl die Skala als auch die Bewertungskriterien die Informationssuche lenken. Dieser Effekt sollte umso stärker sein, je mehr Erfahrung der Beurteiler mit dem Bewertungsinstrument hat.

Suche nach bestätigender Information

Phase von Enkodierung, Speicherung und Abruf

Verhaltensbeobachtungen werden zu globalen Einschätzungen verdichtet, die spätere Einschätzungen beeinflussen

Es wird nicht das beobachtete Verhalten selbst, sondern das durch die zuvor beschriebene Interpretation und Kategorisierung (z. B. in korrektes oder falsches Vorgehen, sorgfältig oder nachlässig) gefilterte und verändert wahrgenommene Verhalten, d. h. eine Repräsentation des ursprünglichen Verhaltens, gespeichert. Je mehr Information der Beobachter über eine Person gesammelt hat, desto klarer wird das generelle gedankliche Schema für diesen Mitarbeiter. Solche Schemata werden häufig zur Interpretation mehrdeutiger Beobachtungen genutzt oder wenn keine spezifischen Informationen über eine Person verfügbar sind. Sitzt ein Mitarbeiter, für den das Schema „engagierter Mitarbeiter" abgespeichert ist, zurückgelehnt, so wird das Verhalten mit höherer Wahrscheinlichkeit als Phase der gedanklichen Planung interpretiert, als wenn dieser Mitarbeiter unter dem Schema „fauler Mitarbeiter" gespeichert ist. Der Effekt von Schemata ist speziell relevant für den Abruf von Informationen und wirkt stärker, je mehr Zeit zwischen Beobachtung und Abruf vergangen ist. Der durch Schemata verzerrte Abruf von Information kann so weit gehen, dass Beurteiler mit dem Schema übereinstimmendes Verhalten eines Mitarbeiters „erinnern", das dieser gar nicht gezeigt hat. Darüber hinaus wird auch Verhalten, das besonders stark vom Schema abweicht, vermutlich aufgrund seiner Auffälligkeit, gut erinnert.

Phase der Informationsintegration und Urteilsabgabe

Negative Information und herausragende Ereignisse werden besonders beachtet

In dieser Phase werden die aus der Erinnerung abgerufenen Verhaltensrepräsentationen über die Zielperson gewichtet und kombiniert. Dabei ist festzustellen, dass negativer Information mehr Gewicht gegeben wird als positiver. Dieser Effekt ist vermutlich dadurch verursacht, dass Fehlentscheidungen (d. h. z. B. Empfehlung einer Person für eine Beförderung, die sich später als dafür nicht geeignet herausstellt) drastischere Konsequenzen für den Beurteiler haben als gute Entscheidungen (d. h. z. B. Empfehlung einer Person, die sich später sehr gut bewährt) und daher versucht wird, Fehler zu vermeiden. Konkret heißt das, Beurteiler überlegen zunächst, was alles gegen und nicht, was alles für eine positive Bewertung spricht. Informationen über Basisraten, d. h. die Häufigkeit, mit der ein bestimmtes Verhalten auftritt, werden hingegen zu wenig genutzt. Ein herausragendes Verhalten erhält dadurch ein zu hohes Gewicht in der Beurteilung, während kontinuierlich gezeigte Leistungen nicht im Verhältnis ihres Anteils an der Arbeitszeit eingehen, sondern mit weniger Gewicht.

Notizen sind sinnvoll

Fazit

Die Konsequenz aus diesen Erkenntnissen besteht darin, Beurteilern zu empfehlen, ihre Beobachtungen über den Beurteilungszeitraum hinweg aufzuzeichnen. Diese Aufzeichnungen unterstützen eine Beurteilung auf der Grundlage einer repräsentativeren Verhaltensstichprobe. Natürlich sollten sie außerdem das Beurteilungsinstrument möglichst gut kennen, um ihre Aufmerksamkeit auf die relevanten Kriterien zu lenken.

Dass der Zweck der Beurteilung bereits die Informationssuche der Beurteiler beeinflusst, ist ein weiterer Hinweis darauf, wie wichtig es ist, sich auf möglichst wenige Beurteilungsziele zu beschränken und sie im Vorhinein genau zu spezifizieren. Wird das nicht getan, ist es wahrscheinlich, dass nicht alle Ziele gleichzeitig gut erreicht werden können. Das liegt zum einen daran, dass bei mehreren Zielen die Wahrscheinlichkeit höher ist, sich widersprechende Ziele zu verfolgen. Wurden die Ziele nicht im Vorhinein festgelegt, stützt sich eine spätere Beurteilung möglicherweise auf Verhaltensbeobachtungen, die für den Verwendungszweck der Beurteilung irrelevant sind. Werden zu viele Ziele gleichzeitig verfolgt, ist der Beurteiler möglicherweise durch die Vielzahl dafür notwendiger Beobachtungen überfordert und erledigt dann seine Aufgabe bzgl. einiger oder aller Zwecke oberflächlich oder fehlerhaft. Mehr Information zu diesem Punkt findet sich in Kapitel 3.1.

2.3 Die Qualität von Leistungsbeurteilungen

In diesem Abschnitt geht es darum, wie sich die zuvor geschilderten kognitiven Prozesse der Beurteiler auf die Qualität der von ihnen getroffenen Einschätzungen auswirken. Dabei werden drei unterschiedliche Perspektiven eingenommen. Die stärkere Betrachtung und Erforschung der kognitiven Anteile des Beurteilungsprozesses (d. h. der gedanklichen Prozesse beim Beurteiler) hat zur Korrektur der bis zu diesem Zeitpunkt vorherrschenden Ansicht geführt, dass geringe Urteilsgenauigkeit (gemessen nach spezifischen statistischen Verfahren) auf Urteilsfehler zurückzuführen ist (Ilgen et al., 1993). Die Autoren weisen außerdem darauf hin, dass neben den kognitiven Verarbeitungsprozessen auch die Bedeutung von Werthaltungen und Motiven der Beurteiler mit ihrem Einfluss auf die Urteilsbildung beachtet werden müssen. Daher wird zunächst beleuchtet, wie die Güte eines Urteils direkt erfasst werden kann. Anschließend wird dargestellt, inwieweit typische Fehler, die Beurteiler machen, die Güte des Urteils einschränken. Dabei handelt es sich um Urteilsverzerrungen, die aus einer generellen Haltung des Urteilers resultieren, dem Urteiler nicht in jedem Fall bewusst sind und unabhängig von einer konkreten beurteilten Person auftreten. Sie werden in der Leistungsbeurteilungsliteratur unter den Stichworten Urteilstendenzen oder Urteilsfehler zusammengefasst. Bei der dritten Perspektive wird die Frage angesprochen, in wie weit Urteile absichtlich aufgrund aktueller Gegebenheiten oder Haltungen des Beurteilers gegenüber einzelnen Personen beeinflusst werden. Im letzten Teil dieses Kapitels werden Hinweise gegeben, wie sich die urteilerbedingten Einflüsse auf Bewertungen reduzieren lassen.

Direkte Erfassung der Urteilsqualität

2.3.1 Maße der Urteilsqualität

Bei der Qualität von Leistungsbeurteilungen wird zwischen Reliabilität und Validität sowie der Urteilsgenauigkeit unterschieden. Die beiden erstgenannten Maße wurden analog zu den Gütekriterien für psychologische Tests gewählt (Schuler, 1989). Die folgende Darstellung macht deutlich, dass die Übertragung der Gütekriterien von Tests auf das Gebiet der Leistungsbeurteilung nicht ganz einfach ist. Die verschiedenen Maße, die zur Beschreibung der Urteilsqualität verwendet werden, sind in Abbildung 9 im Überblick dargestellt.

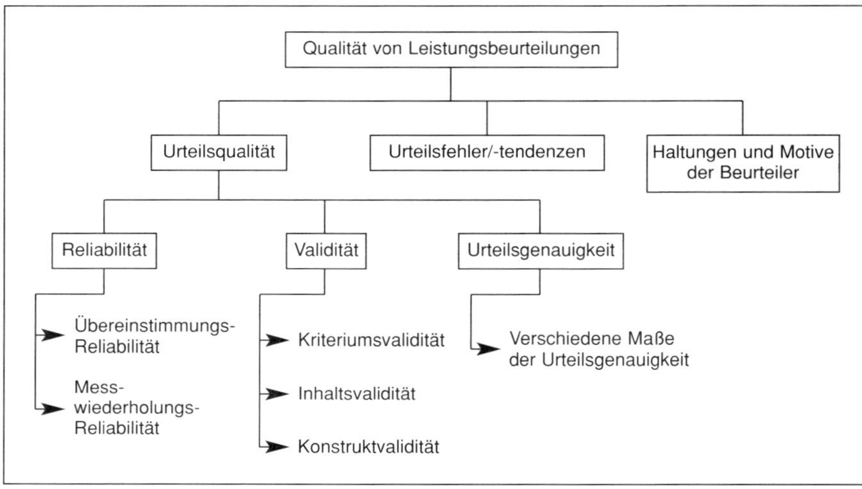

Abbildung 9:
Überblick über Maße der Urteilsqualität

Reliabilität und Validität

Die Reliabilität von Urteilen bezieht sich auf den Zusammenhang von Urteilen derselben Person zu unterschiedlichen Zeitpunkten (Messwiederholungsreliabilität) oder auf die Übereinstimmung von Urteilen, die von verschiedenen Urteilern für dieselbe Leistung (Urteilerübereinstimmung) abgegeben werden (vgl. Viswesvaran, Ones & Schmitt, 1996).

Bei der Messwiederholungsreliabilität ist allerdings zu beachten, dass sich die Leistungen über die Zeit hinweg verändern können, beispielsweise durch persönliche Faktoren wie Lerneffekte oder die „Tagesform" sowie durch Veränderungen der Arbeitsbedingungen. Das würde zu einer Unterschätzung der gemessenen Reliabilität führen. Außerdem ist zu vermuten, dass diese Form der Reliabilität vom Zweck der Beurteilung abhängt. Erfolgt sie zu Personalentwicklungszwecken, wird die beurteilende Person bemüht sein, auch kleine Veränderungen in der Leistung (speziell in der gewünschten Richtung) zu registrieren. Dient sie als Grundlage für Personalentscheidungen (Beförderung, Platzierung), so werden vermutlich nur stärkere Leistungsänderungen zu einer Änderung der Einschätzung führen.

Messwiederholung

Die Urteilerübereinstimmung drückt sich im statistischen Zusammenhang (Korrelation) der unabhängigen Einschätzungen von mindestens zwei Urteilern aus. Da die Ergebnisse von Studien auf diesem Gebiet sehr verschieden sind, lassen sich keine einheitlichen Schlüsse ziehen. Tendenziell weisen die Ergebnisse jedoch darauf hin, dass die Urteile besser übereinstimmen, je länger die Urteiler bereits mit der beurteilten Person zusammenarbeiten (Rothstein, 1990), je detaillierter die Urteile erhoben werden (Jako & Murphy, 1990; Moser, 2004), je weniger komplex die Aufgabe ist (Moser, 2004) und je ähnlicher die Beziehungen der Urteilenden zu Beurteilten sind (d. h. wenn eine Person zwei Vorgesetzte hat, sind deren Urteile ähnlicher, wenn sie in gleicher Weise mit der beurteilten Person zusammenarbeiten; Burry-Stock, Shaw, Laurie & Chissom, 1996).

Urteilerübereinstimmung

Die Validität der Leistungsurteile bezieht sich auf die Angemessenheit der Schlussfolgerungen, die aus ihnen gezogen werden. Analog der Validität psychologischer Tests werden Inhalts-, Kriteriums- und Konstruktvalidität unterschieden.

Inhaltsvalidität bezieht sich auf das Ausmaß, in dem das Beurteilungsinstrument bzw. die Leistungskriterien das Tätigkeitsspektrum adäquat abbilden. In Abschnitt 1.2.2 wurde bereits dargestellt, dass das Leistungsverhalten niemals vollständig beobachtet und beurteilt werden kann, sondern dass Messinstrumente immer nur Indikatoren verwenden. Um sicher zu stellen, dass die ausgewählten Indikatoren bzw. Kriterien repräsentativ für das Tätigkeitsspektrum sind, wird eine umfassende Arbeits- und Anforderungsanalyse (vgl. Kapitel 4.5.2) empfohlen.

Inhaltsvalidität

Die Kriteriumsvalidität bezieht sich auf das Ausmaß, in dem gleichzeitig oder später erhobene Leistungsmaße mit den Leistungsurteilen übereinstimmen, das heißt, zur selben Schlussfolgerung über die Leistung einer Person führen. Bei der Kriteriumsvalidität werden Leistungsbeurteilungen mit einem sog. Außenkriterium korreliert.

Kriteriumsvalidität

Exkurs

Um das Prinzip etwas verständlicher zu machen, wird hier zunächst ein vereinfachtes Beispiel aus der Testkonstruktion herangezogen. Nehmen Sie an, Sie haben einen Test entwickelt, mit dem Sie die Motivation von Bewerbern erfassen wollen. Es gibt bereits einen solchen Test auf dem

Markt, für den nachgewiesen ist, dass er die Motivation gut erfasst, aber die Durchführung dieses Tests dauert Ihnen zu lange, und Sie haben deshalb einen eigenen, kürzeren entwickelt. Um herauszufinden, ob Ihr Test kriteriumsvalide ist, würden Sie eine Gruppe von Testpersonen beide Tests bearbeiten lassen. Dann korrelierten Sie die Ergebnisse Ihres Tests mit jenen des bereits veröffentlichten (valides Außenkriterium). Eine hohe Korrelation spräche dafür, dass Ihr neu entwickelter Test kriteriumsvalide ist, d. h. das Gleiche misst wie der bereits veröffentlichte Test. Für ein solches Außenkriterium ist die Forderung, dass es die Leistung valider erfasst als das zu validierende Leistungskriterium (was natürlich im Vorhinein nicht feststehen kann).

Zurück zur Leistungsbeurteilung: Das Problem ist hierbei, ein geeignetes Außenkriterium zu finden, das als Vergleichstandard gelten könnte. Wäre das immer vorhanden, würde es vermutlich direkt zur Leistungsmessung eingesetzt werden, anstatt den Umweg über ein Leistungsbeurteilungsinstrument zu gehen. So könnte beispielsweise bei einem Verkäufer das Außenkriterium der Gewinn sein, den er erzielt. Dieses Kriterium ist aber dadurch kontaminiert, dass er keinen alleinigen Einfluss auf den Gewinn hat. Der Gewinn hängt z. B. auch von den Konditionen ab, die der Kunde insgesamt mit dem Unternehmen hat, oder davon, dass die Unternehmensleitung beschließt, einen Sonderpreis zu gewähren, weil sie durch den Auftrag ein Referenzprojekt erhalten will, oder davon, welcher Gewinn bei einem durch die Wettbewerbssituation diktierten Preis und feststehenden Produktkosten realisierbar ist etc.. Daher wird meist ein Vergleich mit verschiedenen „Ersatzkriterien" vorgenommen wie beispielsweise der Vergleich der Einschätzungen, die mit anderen Skalen vorgenommen wurden (Landy & Farr, 1983). Eine andere Möglichkeit besteht darin, Urteile verschiedener Beurteiler (z. B. 360-Grad-Beurteilung) zu vergleichen. Das Vorgehen entspricht dann dem bei der Ermittlung der Urteilerübereinstimmung. Aber natürlich kann nicht davon ausgegangen werden, dass die Urteile einer bestimmten Urteilergruppe (Vorgesetzte, Kollegen, Mitarbeiter, Kunden) per se valider sind als die einer anderen. Daher ist es problematisch festzulegen, wessen Urteile als Außenkriterium dienen sollen.

Konstruktvalidität

Die Konstruktvalidität bezieht sich darauf, in welchem Ausmaß das Instrument das misst, was es messen soll, d. h. dass das, was gemessen wird, tatsächlich Leistung ist. Es muss also sichergestellt werden, dass diese Kriterien tatsächlich Leistung repräsentieren. Im vorgenannten Beispiel des Verkäufers ist der Gewinn ein Kriterium, das zwar relevant ist, aber eben nicht zweifelsfrei Leistung erfasst. In Kapitel 3.2.1 wird deutlich werden, dass das nicht für alle verwendeten Indikatoren zweifelsfrei gilt. Marcus und Schuler (2006) weisen allerdings darauf hin, dass die Validität nur unzureichend zu erfassen ist, solange das Konstrukt der beruflichen Leistung selbst nur unzureichend definiert ist.

Urteilsgenauigkeit

Unter Urteilsgenauigkeit wird die Übereinstimmung zwischen Leistungsurteilen und der tatsächlichen Leistung der bewerteten Person (wenn sie denn objektiv erfasst werden könnte) verstanden (Sulsky & Balzer, 1988). In der einfachsten Form wird die Genauigkeit als Ausmaß verstanden, in dem die Rangfolge der Bewertungen für eine Gruppe von Personen mit der Rangfolge ihrer tatsächlichen Leistungen übereinstimmt (DeNisi et al., 1984).

Bei Einzelpersonen wird entsprechend die Rangfolge der Bewertungen in unterschiedlichen Leistungsbereichen betrachtet. Für Forschungszwecke sind deutlich elaboriertere Maße entwickelt worden (Bormann, 1977; Cronbach, 1955). Ihre Bedeutung für die Praxis ist allerdings gering, da sie die Kenntnis der objektiven Leistung, des sog. „wahre Wertes" voraussetzen, was im Kontext der Leistungsbeurteilungen in Unternehmen nicht gegeben ist (für Forschungszwecke werden diese „wahren Werte" durch Expertenurteile festgelegt). Aus diesem Grund wird auf ihre nähere Darstellung verzichtet.

2.3.2 Urteilstendenzen

In vielen Unternehmen ist es üblich, Leistungsbeurteilungen überwiegend durch subjektive Einschätzungen vorzunehmen. Dabei muss beachtet werden, dass die so gewonnenen Urteile durch verschiedene Fehler beeinflusst sind, die auf Verzerrungen in der Wahrnehmung und Speicherung der leistungsbezogenen Information sowie z. T. sogar auf absichtliche Veränderungen bei der Abgabe der Leistungsbewertung auftreten können. Diese Urteilstendenzen können sich auf die mit dem Leistungsbeurteilungssystem angestrebten Ziele auswirken. Werden Leistungsbeurteilungen beispielsweise als Grundlage für Entlohnungsentscheidungen eingesetzt, so hätte eine systematisch zu milde Einschätzung aller Organisationsmitglieder erhebliche finanzielle Konsequenzen für das Unternehmen. Typische Tendenzen, die bei Leistungsbeurteilungen auftreten können, sind nach Gruppen in Abbildung 10 dargestellt. Sie werden im Folgenden kurz beschrieben. Im Anschluss daran wird aufgezeigt, durch welche Maßnahmen Urteilstendenzen abgeschwächt werden können.

Urteilsverzerrungen schränken die Qualität von Urteilen ein

Mittelwertstendenzen

Beurteiler unterscheiden sich dadurch, wie sie ihre Urteile im Durchschnitt auf einer Urteilsskala platzieren. Mittelwertstendenzen sind dadurch gekennzeichnet, dass das durchschnittliche Urteil im Vergleich zur durchschnitt-

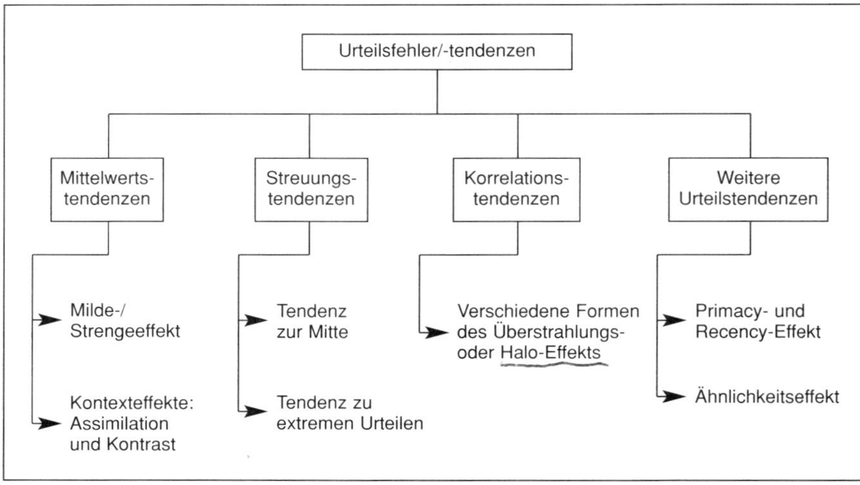

Abbildung 10:
Überblick über verschiedene Arten von Urteilsfehlern bzw. Urteilstendenzen

lichen tatsächlichen Leistung (wenn sie denn objektiv ermittelt werden könnte) verschoben ist. Faktoren, die Einfluss darauf nehmen, welche Urteilsgewohnheit jemand ausbildet, sind beispielsweise die Anforderungsnorm, das eigene Leistungsniveau und Merkmale der Urteilsskala (Schuler, 2004a). Bei den Mittelwertstendenzen werden Milde- und Strengeeffekt sowie Kontexteffekte unterschieden.

- *Milde- und Strengeeffekte*

Milde- und Strengeeffekte zeigen sich durch eine Abweichung des (Gesamt-)Urteils einer bewertenden Person vom tatsächlichen Leistungsniveau der beurteilten Person in positiver Richtung der Bewertungsskala (Mildeeffekt) oder in negativer Richtung (Strengeeffekt).

Das heißt, Urteiler, die den Mildeeffekt zeigen, beurteilen alle Personen besser als es ihrer tatsächlichen Leistung entspricht, während bei strengen Urteilen alle Personen systematisch schlechter bewertet werden als es ihrer Leistung entspricht (s. Abb. 11 oberer Teil). Die Rangfolge zwischen beurteilten Personen entspricht dabei den tatsächlichen Leistungsunterschieden. Das heißt, der beste Mitarbeiter wird jeweils am besten und der schlechteste am schlechtesten bewertet.

Bei diesem Effekt handelt es sich um eine Urteilsgewohnheit (Kane, Bernardin, Villanova & Peyrefitte, 1995), die vermutlich eher motivational als fähigkeitsbedingt ist (Banks & Murphy, 1985). Das heißt, die Beurteiler sind in der Lage, die Leistung der Zielpersonen korrekt wahrzunehmen, aber sie verwenden das vorgegebene Urteilsinstrument in einer bestimmten Weise. In der Leistungsbeurteilung sind Mildeeffekte wesentlich häufiger zu beobachten als Strengeeffekte (Schuler, 2004a). Das hängt vermutlich damit zusammen, dass die Beurteiler eine negative Reaktion der Beurteilten wie Demotivation, Dienst nach Vorschrift oder eine schlechtes Teamklima fürchten, wenn sie diese nach deren Ansicht zu streng beurteilen.

Milde Urteile sind häufiger als strenge

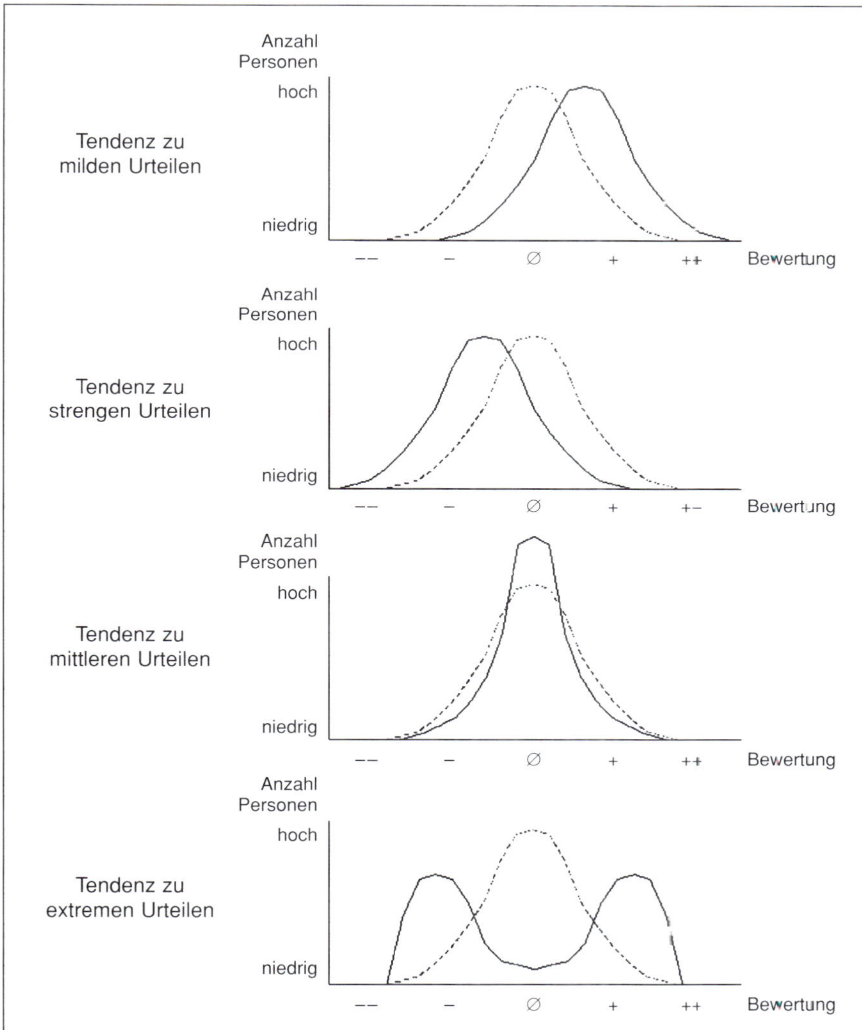

Abbildung 11:
Schematische Darstellungen der Urteilsverteilung bei verschiedenen Urteilstendenzen (jeweils im Vergleich zu „richtigen“, normalverteilten Urteilen, die durch die gestrichelte Linie dargestellt sind)

• *Kontexteffekte: Kontrast und Assimilation*

Kontexteffekte sind ebenfalls Mittelwertstendenzen (Schuler, 1989), die dadurch gekennzeichnet sind, dass andere Leistungen, die im Zusammenhang (Kontext) mit der Zielleistung beobachtet und bewertet werden auf die Beobachtung und Bewertung der Zielleistung Einfluss nehmen. Sie zeigen sich also immer im Vergleich zu einer anderen Leistung derselben Person oder einer anderen Person.

Assimilationseffekt = Unterschätzung von Leistungsunterschieden

Kontrasteffekt = Überschätzung von Leistungsunterschieden

Von Assimilationseffekt spricht man bei einer Angleichung der Urteile an den Kontext, d. h. von einer ähnlicheren Beurteilung als es dem tatsächlichen Leistungsunterschied entspricht. Bei einem Kontrasteffekt ist das Urteil vom Kontext weg verschoben, d. h. der Abstand zwischen zwei Leistungen wird überbetont und die Leistungen werden unähnlicher beurteilt als es dem tatsächlichen Unterschied entspricht (Kravitz & Balzer, 1992).

Ein Beispiel soll das verdeutlichen: Stellen Sie sich vor, Ihre Mitarbeiter präsentieren im Teammeeting nacheinander ihre Arbeitsergebnisse oder den Status ihres Teilprojekts. Als Vorgesetzter bilden Sie sich ein Urteil über die Leistung der Personen. Ein Kontexteffekt zeigt sich darin, dass die Leistung der ersten Person Ihre Wahrnehmung und Einschätzung der zweiten Person beeinflusst. Wenn der erste Mitarbeiter seine Ergebnisse nicht besonders gut darstellt (z. B. unstrukturiert, ohne notwendige Details), werden Sie das entsprechend registrieren. Ist die Präsentation des zweiten Mitarbeiters besser, so ist die Wahrscheinlichkeit groß, dass Sie den Unterschied zur Leistung des ersten Mitarbeiters größer wahrnehmen als er tatsächlich ist (Kontrasteffekt). Ein Assimilationseffekt würde bedeuten, dass Sie die Leistungen der beiden Personen ähnlicher wahrnehmen als sie tatsächlich sind, d. h. dass Sie trotz besserer Leistung den Eindruck haben, die Präsentation war auch nicht gut (auch unstrukturiert, auch zu wenig Details). Die empirischen Befunde zum Auftreten von Assimilations- und Kontrasteffekten sind uneinheitlich und erlauben aufgrund der großen Bandbreite unterschiedlicher Versuchsbedingungen keine eindeutige Aussage.

Tendenziell lässt sich folgendes sagen: Werden die Leistungen unterschiedlicher Personen nacheinander beurteilt (wie es beispielsweise bei Interviews im Rahmen der Personalauswahl oder bei Assessment Centern vorkommt), treten eher Kontrasteffekte auf. Das heißt, wenn der erste Bewerber einen sehr guten Eindruck auf Sie macht, hat es der zweite schwer, wenn er nicht mindestens auf demselben Leistungsniveau ist wie der erste. Denn er wird eher schlechter wahrgenommen, als er tatsächlich ist.

Werden unterschiedliche Leistungen derselben Person nacheinander bewertet, werden sowohl Kontrast- als auch Assimilationseffekte beobachtet

(z. B. Gaugler & Rudolph, 1992; Lohaus, 1998; Sumer & Knight, 1996; Woehr & Roch, 1996). Dabei sind Assimilationseffekte speziell dann zu erwarten, wenn der Urteiler Vorinformation über die Leistung der Zielperson von anderen Personen erhalten hat (z. B. Foti & Hauenstein, 1993; Salvemini, Reilly & Smither, 1993). Für die Praxis in Unternehmen heißt letzteres, wenn Sie ein Urteil über eine Person abgeben (z. B. jemanden für eine Position empfehlen), können Sie davon ausgehen, dass der Empfänger Ihres Rates seine eigene Einschätzung tendenziell an Ihre angleichen wird. Das gilt besonders, wenn ihre Einschätzung negativ ist, d. h. sie von einer Person abraten. Auch hier ist als Grund wieder zu vermuten, dass Menschen versuchen, Fehler mit gravierenden Folgen zu vermeiden.

Ihre Einschätzung beeinflusst den nachfolgenden Beurteiler

Streuungstendenzen

Bei Streuungstendenzen handelt es sich ebenfalls um Urteilsgewohnheiten der bewertenden Person, die durch unterschiedliche Streuung der Urteile über die Skala hinweg gekennzeichnet sind. Es werden die Tendenz zur Mitte der Skala und die Tendenz zu extremen Urteilen unterschieden.

Beide Streuungstendenzen sind schematisch im unteren Teil von Abbildung 11 dargestellt.

- *Tendenz zur Mitte*

Die Tendenz zur Mitte zeigt sich darin, dass überwiegend Urteile im mittleren Skalenbereich abgegeben werden. Das heißt, der Urteiler gibt für alle Personen Einschätzungen ab, die im Bereich der Skalenmitte sowie wenig darüber oder darunter liegen. Im Vergleich zum Milde- oder Strengeeffekt, bei dem typischerweise die Rangfolge zwischen den Mitarbeitern und auch Leistungsunterschiede einigermaßen korrekt abgebildet werden, werden bei der Tendenz zur Mitte die besten Mitarbeiter eher zu niedrig und die schlechtesten eher zu gut beurteilt. Insgesamt wird weniger zwischen den Leistungen verschiedener Mitarbeiter differenziert und die Bandbreite der Urteile ist kleiner, als es der Bandbreite der zugrunde liegenden Leistungen entspricht.

Zu geringe Unterscheidung zwischen Leistungen

- *Tendenz zu extremen Urteilen*

Bei der Tendenz zu extremen Urteilen ist zu beobachten, dass der mittlere Skalenbereich eher gemieden wird. Die beobachteten Leistungen werden extrem bewertet, d. h. als entweder besonders gut oder besonders schlecht. Der Urteiler neigt also gewissermaßen dazu, „schwarz-weiß zu malen". Unterschiede zwischen guten und schlechten Leistungen werden zwar gemacht, aber jeweils innerhalb der guten und schlechten Leistungen wird zu wenig differenziert.

Schwarz-Weiß-Malerei

Korrelationstendenzen

Korrelationstendenzen sind dadurch gekennzeichnet, dass die Urteile für unterschiedliche Bewertungsdimensionen, von denen angenommen wird, dass sie unabhängig voneinander sind, miteinander korrelieren.

Urteile für unterschiedliche Leistungsbereiche werden nicht unabhängig voneinander gebildet

In der Faktorenanalyse zeigt sich das darin, dass weniger Faktoren extrahiert werden, als Urteilsdimensionen bewertet wurden. Für die Praxis in Unternehmen hat das Konsequenzen: Selbst wenn Sie durch das Urteilsinstrument vorgeben, dass verschiedene Leistungsbereiche unabhängig voneinander beurteilt werden sollen (z. B. Organisationsvermögen, Durchsetzungsfähigkeit, Initiative, Unternehmerisches Denken und Handeln, Teamfähigkeit, Kommunikationsfähigkeit), müssen Sie damit rechnen, dass Leistungen in verschiedenen Bereichen nicht genügend unterschieden, sondern eher ähnlich bewertet und Leistungsunterschiede vernachlässigt werden.

- *Überstrahlungs- oder Halo-Effekte*

Der Überstrahlungs- oder Haloeffekt zeigt sich darin, dass Urteile für verschiedene Leistungsbereiche untereinander höher korrelieren (sich ähnlicher sind), als es den tatsächlichen Leistungen in den verschiedenen Bereichen entspricht (Cooper, 1981), d. h. die Leistungen werden ähnlicher bewertet und Unterschiede nicht in dem Maß berücksichtigt, wie sie objektiv gesehen (wenn das denn möglich wäre) auftreten. In der Literatur zur Leistungsbeurteilung werden verschiedene Formen des Halo-Effektes unterschieden (vgl. z. B. Balzer & Sulsky, 1992; Fisicaro & Lance, 1990; Landy & Farr 1973; Murphy & Cleveland, 1995). Eine Ausprägung des Fehlers besteht darin, dass der Beurteiler den Gesamteindruck, den er von der beurteilten Person hat, auf die Beurteilung einzelner Leistungsbereiche überträgt. Konkret heißt das, wenn er einen Mitarbeiter als sehr fähig wahrnimmt, wird er alle Leistungskriterien (wie z. B. Organisationsvermögen, Durchsetzungsfähigkeit usw., siehe oben) als hoch ausgeprägt bewerten, unabhängig davon, wie sie bei diesem Mitarbeiter tatsächlich ausgeprägt sind. Im Englischen wird diese Form *general impression halo effect* genannt.

Die zweite Form ist durch eine mangelhafte Differenzierung einzelner Leistungsbereiche gekennzeichnet, das heißt, alle Leistungsbereiche werden ähnlich beurteilt. Hier geht kein Gesamteindruck voraus, aus welchen die Einzelurteile abgeleitet werden, sondern es handelt sich um eine zu geringe Unterscheidung zwischen Leistungsbereichen (im Englischen *dimensional similarity halo effect*). Als Ursache für diesen Effekt wird vermutet, dass die beurteilenden Personen einen logischen Zusammenhang zwischen verschiedenen Leistungsbereichen annehmen. Nach dem Motto, wer gut organisieren kann, verfügt auch über ein starkes Kostenbewusstsein.

Bei der dritten Variante entsteht die Urteilsverzerrung dadurch, dass die Bewertung eines besonders hervorstechenden Leistungsbereiches die Bewertung in weniger auffälligen Bereichen beeinflusst *(salient dimension halo effect)*. Beispielsweise beeinflusst oft die Kommunikationsfähigkeit die Wahrnehmung anderer Leistungsbereiche. Wer sich gut ausdrücken kann, gilt oft auch als fachkompetent etc.

Andere Urteilsfehler

Weitere Urteilsfehler können dadurch entstehen, dass Urteiler Leistungen von ihnen ähnlichen Personen besser beurteilen als von ihnen unähnlicheren Personen *(similar-to-me-effect)* oder dadurch, dass der Urteiler das eigene Verhalten als Referenzpunkt für die Einschätzung verwendet (Motto: wer so handelt wie ich, handelt richtig). Weiterhin können Reihenfolgeeffekte auftreten, etwa derart, dass die zuerst beobachtete Leistung das Urteil stärker beeinflusst als später beobachtete Leistungen, d. h. der erste Eindruck zählt *(primacy-effect)*. Dieser Effekt kann dadurch zustande kommen, dass bei späteren Beobachtungen speziell auf Informationen geachtet wird, die den bisherigen Eindruck bestätigen. Auf Information, die zum ersten Eindruck in Widerspruch steht, wird weniger geachtet. Auf diese Weise kann der Beurteiler seinen Aufwand für die Aufgabe der Leistungsbeurteilung reduzieren, denn er muss das einmal gefasste Urteil nicht mehr verändern, indem er neue Information ständig mit der bisherigen verrechnet und das Urteil entsprechend anpasst. Andererseits kommt es häufig vor, dass zuletzt beobachtete Leistung stärker in die Urteilsbildung eingeht als zu einem früheren Zeitpunkt beurteilte, weil sie besser im Gedächtnis verfügbar ist *(recency-effect)*. Mit diesem Effekt ist verstärkt zu rechnen, wenn keine Notizen von den Verhaltensbeobachtungen gemacht werden.

Ähnlichkeit

Erster Eindruck

Letzter Eindruck

2.3.3 Haltungen und Motive der Beurteiler

Aus einer Vielzahl von Studien wissen wir, dass Beurteiler nicht wie Automaten funktionieren, die Leistungen objektiv registrieren und als Ergebnis einer Kalkulation unterschiedlicher Komponenten bewerten. Stattdessen werden bei der Bewertung auch immer die subjektiven Einstellungen und Absichten wirksam. Diese Einflüsse sind weniger systematisch erforscht worden als die Urteilsfehler, unter anderem deshalb, weil Urteiler ihre Motive nicht unbedingt offen legen, speziell wenn diese vermeintlich nicht ehrenhaft sind. Außerdem treten viele Motive in Laborsituationen, in denen Urteilsfehler häufig untersucht werden, nicht unbedingt auf, denn es fehlt der reale Unternehmenskontext. In Kapitel 3.1 wird beschrieben, wie der Zweck der Leistungsbeurteilung den Prozess der Informationsverarbeitung von der Informationsaufnahme bis hin zur Markierung des Urteils auf dem Beurteilungsbogen beeinflusst. Dabei spielen unternehmenspolitische Prozesse, wie beispielsweise der wahrgenommene Druck von Seiten des Unternehmens oder Konkurrenzverhalten, aber auch persönliche Faktoren eine Rolle. Verschiedene Studien zeigten, dass die Sympathie für die beurteilte Person Einfluss auf Leistungsurteile hat (z. B. Cardy & Dobbins, 1986; Wayne & Ferris, 1990). Das heißt, Personen, die dem Beurteiler sympathisch sind, werden besser beurteilt als solche, die er nicht mag. Wie das Urteil jeweils im Vergleich zur tatsächlichen Leistung verschoben ist, lässt sich nicht verallgemeinern, sondern hängt vom jeweiligen Empfinden des Beurteilers gegenüber der jeweiligen Zielperson ab. Fletcher (2002) gibt auf der Grundlage einer Vielzahl von Studien einen guten Überblick, welche Motive der Beurteiler bedeutsam sind. So werden als Gründe für zu gute Bewertungen die Angst vor Demotivation des Mitarbeiters und eine Verschlechterung in der Vorgesetzten-Mitarbeiter-Beziehung gesehen, aber auch der Wunsch, Anstrengung anzuerkennen, selbst wenn das Ergebnis nicht überzeugend war, und Mitarbeiter vor Konsequenzen schlechter Leistung zu schützen (z. B. keine Gehaltserhöhung, Trennung von diesen Mitarbeitern). Immer wieder wird auch auf die Absicht hingewiesen, Konflikte mit Mitarbeitern zu vermeiden. Dieses Motiv scheint ausschlaggebend dafür zu sein, dass es viele Führungskräfte vermeiden, negatives Feedback zu geben. Seltener hingegen wird berichtet, dass Beurteilungen absichtlich herabgesetzt werden. Gründe hierfür sind vor allem die Minimierung von leistungsbezogenen Gehaltszahlungen sowie der Wunsch, Druck auf Mitarbeiter auszuüben, damit sie ihre Leistung verbessern oder den Arbeitsplatz verlassen.

Sympathie

Konflikte vermeiden

2.3.4 Was lässt sich tun gegen Urteilsverzerrungen?

Anreize bieten

Marcus und Schuler (2006) weisen darauf hin, dass es sinnvoll sein könnte, Beurteilern Anreize zu bieten, um sie zu motivieren und so die Qualität der Urteile zu verbessern. Sie befinden sich damit in Übereinstimmung mit Salvemini, Reilly und Smither (1993), die zeigen konnten, dass sich die Genauigkeit von Urteilen verbesserte, wenn den Beurteilern Anreize für eine genaue Beurteilung geboten wurden. Außerdem scheint die Verantwortung für die Leistungsbeurteilungen ein wichtiger Faktor zu sein. Wenn der Beurteiler im Vorhinein wusste, dass er seine Urteile später zu rechtfertigen hatte, führte das zu genaueren Urteilen, als wenn das nicht der Fall war (Mero & Motowidlo, 1996). Das heißt, wenn Sie in Ihrem Unternehmen dazu beitragen wollen, dass Leistungseinschätzungen zumindest weniger stark verzerrt werden, dann etablieren Sie einen Prozess, bei dem Urteiler damit rechnen müssen, dass Begründungen für ihre Einschätzungen erfragt werden.

Rechenschaft fordern

Beurteiler trainieren

Auch Training der Urteiler kann dazu beitragen, Urteilsverzerrungen zu reduzieren. Typischerweise werden dabei die Fehlerarten, auf die das Training abzielt, verringert. Allerdings treten unter Umständen gleichzeitig jeweils andere der oben genannten Urteilsverzerrungen auf (Bernardin & Pence, 1980; Murphy & Balzer, 1989). Die Wirkung von Trainings auf die Reduzierung von Urteilsfehlern wurde vielfach untersucht, jedoch wurden dabei nicht alle Fehler in gleichem Maße aufgegriffen. Zwei Methoden haben sich für die Verringerung von Urteilsfehlern als besonders erfolgreich erwiesen (Woehr & Huffcutt, 1994): Das ist erstens das sog. Fehlertraining. Dabei wird während des Trainings direkt auf Urteilsfehler eingegangen, d. h. sie werden erklärt und es wird auf die Bedingungen hingewiesen, unter denen sie auftreten (Cellar, Curtis, Kohlepp, Poczapski & Mohiuddin, 1989; Pulakos, 1984). Die zweite Form ist das sog. *Frame-of-reference-Training*, das darauf abzielt, dass die Urteiler einen einheitlichen Bezugsrahmen für Leistungen und deren Bewertung entwickeln, d. h. sie erarbeiten eine gemeinsame Vorstellung davon, wodurch unterschiedliche Leistungsniveaus gekennzeichnet sind. Diesen gemeinsamen Bezugsrahmen wenden sie bei späteren Einschätzungen an (Athey & McIntyre, 1987; Day & Sulsky, 1995; Woehr, 1994). Auf diese Weise können zwar Urteilsfehler nicht verhindert werden, aber es kann zumindest sichergestellt werden, dass alle Beurteiler den gleichen Urteilsmaßstab anwenden.

Gemeinsamen Bezugsrahmen schaffen

Das Beurteilungsinstrument gestalten

Eine weitere Möglichkeit der Reduktion von Urteilsfehlern für eine Gruppe von Beurteilten (nicht für einzelne Personen) besteht darin, den Urteilern eine Verteilung ihrer Urteile über alle Beurteilten hinweg vorzugeben. Das ist beispielsweise bei normorientierten Verfahren wie der Quotenvorgabe der Fall. Verfahren dieser Art können dazu beitragen, Milde- und Strengeeffekte, die Tendenz zur Mitte der Urteilsskala sowie die Tendenz zu extremen Urteilen zu reduzieren. Normorientierte Verfahren werden in Kapitel 3.3.3 näher beschrieben.

Verteilung vorgeben

Halo-Effekte bzw. generell Mängel in der Unterscheidungsfähigkeit von Leistungsbereichen können dadurch verringert werden, dass die zu beurteilenden Leistungsbereiche möglichst detailliert beschrieben werden, so dass die Verhaltensbeobachtungen diesen Beschreibungen konkret zugeordnet werden können (s. a. Kapitel 3.3.2). Recency-Effekte lassen sich reduzieren, indem Beurteiler aufgefordert werden, Verhaltensbeispiele des Beurteilten aufzuführen, die sich über die komplette Zeit des Beurteilungszeitraums verteilen.

Interpretationsspielraum einschränken

Zusammenfassung der Maßnahmen zur Verbesserung der Urteilsqualität
– Anreize für genaue Leistungsbeurteilungen bieten, – Urteilern muss bewusst sein, dass sie Rechenschaft für ihre Einschätzungen ablegen müssen, – Urteiler sollten in einem Training einen gemeinsamen Bezugsrahmen für die Beurteilung entwickeln, – Urteilsfehler können durch die Gestaltung des Beurteilungsinstruments und durch die Aufzeichnung von Beobachtungen reduziert werden.

3 Entwicklung eines Leistungsbeurteilungsinstruments

3.1 Warum soll beurteilt werden: Ziele der Leistungsbeurteilung

Ziele genau festlegen

Eine Vielzahl von Studien auf dem Gebiet der Leistungsbeurteilung hat gezeigt, dass sich Einschätzungen je nach dem Zweck der Beurteilung deutlich unterscheiden können (z. B. Foti & Lord, 1987; Williams et al., 1985). Daher ist es wichtig, das Ziel einer Beurteilung genau zu spezifizieren und Änderungen in den Zielen bewusst im Beurteilungsinstrument zu berücksichtigen.

Änderungen der Ziele können sich über die Zeit ergeben. Befindet sich ein Unternehmen oder eine ganze Branche in einer wirtschaftlich schwierigen Lage, ist typischerweise zu beobachten, dass Personalentwicklungszwecke der Leistungsbeurteilung in den Hintergrund treten, während der Zweck der Leistungssteigerung in den Fokus kommt. Entsprechend dieser unterschiedlichen Wertigkeiten werden Leistungseinschätzungen beeinflusst. Diese Veränderungen der Perspektive ergeben sich jedoch aus den Notwendigkeiten und Prioritäten der Unternehmensleitung.

Änderungen im Zweck der Beurteilung über die Zeit hinweg sind allerdings weniger problematisch als der gleichzeitige Einsatz von Beurteilungen für unterschiedliche Zwecke. Im ersten Fall können die notwendigen Anpassungen vorgenommen und entsprechend kommuniziert werden, so dass sich alle Anwender auf die veränderte Zielsetzung einstellen können.

Werden gleichzeitig mehrere Zwecke verfolgt, können diese im Widerspruch zueinander stehen. Dann ist mit einer eingeschränkten Akzeptanz des Beurteilungsinstrumentes bei den Beteiligten (Beurteiler, Beurteilte, Personalmanagement etc.) zu rechnen. Außerdem werden durch eine Beurteilung nicht mehrere Zwecke gleichzeitig gut erfüllt, weil unterschiedliche Zielsetzungen unterschiedliche Ansprüche an die Beurteilung stellen. Geht es beispielsweise bei der Beurteilung darum, Gehaltsanpassungen zu rechtfertigen, und steht dafür ein begrenztes Budget zur Verfügung, so ist zu erwarten, dass die beurteilende Person ihren Beurteilungsaufwand reduziert, indem sie dem Gesamteindruck von der Person größere Bedeutung beimisst als der Berechnung eines Gesamtleistungswertes auf der Grundlage differenzierter Teilleistungsbetrachtungen. Geht es hingegen um die Ermittlung des Personalentwicklungsbedarfs für die Mitarbeiter, so sollte die Beurteilung differenzierter sein und auf die viel detailliertere Herausarbeitung von Stärken und Schwächen in der Ausübung der Tätigkeit ausgerichtet sein, um angemessene Trainingsmaßnahmen empfehlen zu können.

Wenige widerspruchsfreie Ziele

Obgleich nicht alle Studien Unterschiede in den Urteilen je nach Verwendungszweck finden (Bernardin & Cooke, 1992), gilt dies doch für die Mehrzahl.

> Speziell die gleichzeitige Nutzung von Leistungsurteilen für administrative Zwecke (z. B. Entscheidungen über Entgelt oder Beförderungen) und für Entwicklungszwecke (z. B. Ermittlung von Trainingsbedarf) ist problematisch (vgl. Boswell & Boudreau, 2002; Murphy & Cleveland, 1995).

Der Zweck beeinflusst die Beurteilung

So fanden einige Studien, dass Beurteilungen, die zum Zweck des Feedbacks zur Verhaltenssteuerung vorgenommen wurden, genauer waren als Bewertungen für administrative Zwecke (Ilgen & Feldman, 1983; Zedeck & Cascio, 1982). Bewertungen für administrative Zwecke fallen typischerweise milder aus als für reine Forschungszwecke (Harris, Smith & Champagne, 1995), während letztere eine höhere Urteilsgenauigkeit aufweisen (Dobbins, Cardy & Truxillo, 1988). Auch scheint bei Bewertungen zum Zweck von Beförderungen stärker auf negative Verhaltensweisen geachtet zu werden (Pesta, Kass & Dunegan, 2005). Vermutlich ist der Grund hierfür darin zu sehen, dass die Beurteiler versuchen, keine Fehlentscheidungen zu treffen.

Um Unvereinbarkeiten zwischen verschiedenen Beurteilungszwecken zu vermeiden, empfiehlt Schuler (2004c), die drei Ebenen der Beurteilung, nämlich Day-to-day-Feedback, Regelbeurteilung, wie sie in diesem Band beschrieben wird, und Potenzialbeurteilung zu trennen. In vielen Unternehmen wird das so umgesetzt, dass es (meist zu Jahresbeginn) ein Leistungsbeurteilungsgespräch gibt, das die Leistungseinschätzung für das vorangegangene Jahr umfasst sowie die Leistungs- oder Zielvereinbarungen für das gerade anlaufende Jahr. Die Ergebnisse dieses Gesprächs bilden die Grundlage für administrative Entscheidungen. Ein weiteres Gespräch, meist Entwicklungsgespräch genannt, findet dann zu einem späteren Zeitpunkt, z.B. Mitte des Jahres statt. In diesem Gespräch werden Karrieremöglichkeiten im Unternehmen besprochen, Stärken und Schwächen sowie das Potenzial thematisiert und Entwicklungsmaßnahmen vereinbart.

Beurteilungs- versus Entwicklungsgespräch

Diese Trennung hat den Vorteil, folgenden Widerspruch für Vorgesetzte und Mitarbeiter zu umgehen: Bei einem Beurteilungsgespräch für Gehaltszwecke ist es das Anliegen des Mitarbeiters, sich möglichst gut darzustellen, Erfolge anzupreisen und keine Schwächen erkennen zu lassen, um eine Erhöhung zu rechtfertigen.

Beim Entwicklungsgespräch geht es u. U. stärker darum, Mängel in der Arbeitsausführung oder Schwächen zu thematisieren, um sie durch Trainings- oder andere Entwicklungsmaßnahmen zu beheben und die eigenen Kompetenzen weiter auszubauen und sich so mittelfristig für eine verantwortungsvollere Aufgabe zu qualifizieren. Die Interessen des Vorgesetzten können genau gegenläufig sein. Ihm ist es vielleicht wichtig, im ersten Fall Schwächen des Mitarbeiters herauszustellen, um eine geringere Gehaltserhöhung zu rechtfertigen, die ihm besser erlaubt, das vorgegebene Budget einzuhalten. Beim Entwicklungsgespräch wäre es günstiger, die Kenntnisse und Fertigkeiten des Mitarbeiters positiv zu sehen, um Kosten für Weiterbildungsmaßnahmen zu vermeiden. Diese zumindest tendenziell zu erwartenden Darstellungen sind in Tabelle 4 vereinfacht veranschaulicht. Findet nur ein Gespräch statt, in dem beide widersprüchlichen Ziele erreicht werden sollen, führt das typischerweise dazu, dass nur ein Ziel, nämlich das mit der subjektiv höheren Relevanz, verfolgt wird. Meist dürfte das der administrative Zweck sein, weil Entgelt als eindeutiger und überdauernder Indikator für die Wertschätzung der Leistung einer Person gilt.

Tabelle 4:
Tendenzen bei der Beurteilung von Leistungen des Mitarbeiters je nach Zweck der Beurteilung

	Beurteilung der Leistungen des Mitarbeiters	
	zum Zweck der Gehaltsfestlegung	zum Zweck der Ermittlung des Entwicklungsbedarfs
Vorgesetzter	Eher schwächer, um Geld zu sparen und Budget einzuhalten	Eher besser, um Geld für Weiterbildungsmaßnahmen zu sparen
Mitarbeiter	Eher besser, um eine möglichst hohe Gehaltserhöhung zu erreichen	Eher schwächer, um eine gewünschte Personalentwicklungsmaßnahme bewilligt zu bekommen

3.2 Was soll beurteilt werden: Arten von Leistungskriterien

In Kapitel 1.2 wurde dargestellt, warum Leistung niemals vollständig, sondern immer anhand ausgewählter relevanter Kriterien erfasst wird. In diesem Abschnitt werden Arten von Kriterien mit ihren Vor- und Nachteilen sowie bevorzugten Einsatzgebieten dargestellt.

3.2.1 Objektive versus subjektive Kriterien

Objektive Leistungskriterien

Objektive Leistungskriterien sind dadurch gekennzeichnet, dass sie von der Person des Beurteilers unabhängig sind, d. h. sie werden von Unzulänglichkeiten subjektiver Einschätzung nicht beeinträchtigt.

Sie werden im englischen Sprachraum daher auch *non-judgemental measures* genannt. Konkret bedeutet das, es ist gleichgültig, wer die Beurteilung vornimmt, das Ergebnis wird immer das gleiche sein. Genau genommen, handelt es sich dabei dann auch nicht um eine Beurteilung, sondern eher um eine Messung von Leistungen und deren Interpretation.

Der Vorteil dieser Art von Kriterien ist offensichtlich: Die Wahrscheinlichkeit der Beeinflussung objektiver Kriterien durch persönliche Motive der beurteilenden Person oder durch Urteilerfehler ist gering, da sie häufig Daten aus Statistiken darstellen. Viswesvaran (2002) unterscheidet zwischen Produktivitäts- und Personaldaten. Erstere können quantitativ sein (z. B. Umsatz, Kosten, Anzahl produzierter oder verkaufter Stücke, Menge des Materialverbrauchs, Menge des Ausschusses) oder qualitativ. Qualitative Daten sind beispielsweise die Auswirkungen von Fehlern, wobei man sich nur schwer vorstellen kann, wie diese ohne eine subjektive Einschätzung oder eine quantitative Beschreibung (z. B. in zusätzlich notwendigen Arbeitsstunden) erhebbar sein könnten. Personaldaten (z. B. Fluktuation, Abwesenheiten, Anzahl der Beschwerden oder Anzahl der Unfälle) stellen im Gegensatz zu den Produktivitätsdaten indirekte Maße der Leistung dar, aus denen Rückschlüsse auf die Produktivität gezogen werden. Die Personaldaten werden häufig auch als Beurteilungskriterien im Bereich der Personalführung herangezogen. Die unterliegende Annahme hierbei ist, dass Mitarbeiter, die mit der Führungskraft zufrieden sind, im Unternehmen verbleiben und nicht krank werden. Die Beispiele machen allerdings schon deutlich, dass diese Kriterien nicht immer optimal sind, um tatsächlich die Führungsleistung abzubilden. Beispielsweise kann eine geringe Fluktuationsrate durch eine schlechte Arbeitsmarktsituation und fehlende berufliche Alternativen für die Mitarbeiter bedingt sein, ebenso wie eine hohe Fluktua-

Objektive Kriterien sind meist quantitativ

Objektive Kriterien sind oft nicht repräsentativ

tionsrate auf eine gute Arbeitsmarktlage und attraktivere Konditionen bei anderen Arbeitsgebern zurückzuführen sein kann. Sie steht nicht notwendigerweise mit dem Führungsverhalten der vorgesetzten Person in Zusammenhang.

Beachte: Für objektive Kriterien gilt zwar im Allgemeinen, dass sie leicht zu erheben und weniger fehlerbehaftet sind als subjektive Maße, aber sie sind häufig nicht repräsentativ für die zu beurteilende Tätigkeit und sind nicht immer allein und vollständig von der beurteilten Person beeinflussbar.

Auch weisen sie noch verschiedene andere Probleme auf. Bei Abwesenheitszeiten fanden verschiedene Studien Probleme, die in ihrer Definition, der Zuschreibung der Ursachen in freiwillig und unfreiwillig und der Wahl der angemessenen Messperiode liegen (z. B. Harrison & Hulin, 1989; Harrison & Shaffer, 1994; Johns & Nicholson, 1994). Auch zeigte sich, dass freiwillige Fluktuation einen kurvilinearen Zusammenhang aufweist (Trevor, Gerhart und Boudreau, 1997), d. h. dass besonders gute und besonders schlechte Mitarbeiter das Unternehmen eher verlassen als Personen im mittleren Leistungsniveau. Sowohl bei besonders guten als auch besonders leistungsschwachen Personen kann angenommen werden, dass sie das Unternehmen verlassen, weil sie mit ihrer gehaltlichen Entwicklung wie auch mit ihren Karriereschritten im aktuellen Unternehmen nicht zufrieden sind und in einem anderen Unternehmen eine Verbesserung erwarten.

Dennoch sollten objektive Maße dort, wo sie sinnvoll erhebbar sind, im Sinne einer umfassenden Leistungseinschätzung berücksichtigt werden (Schuler & Klingner, 2005).

Subjektive Leistungskriterien

Im Gegensatz zu objektiven Leistungskriterien, bei denen niemand eine „echte Bewertung“ vornimmt, sind subjektive Kriterien (im Englischen *judgemental measures*) dadurch gekennzeichnet, dass eine Person, in Unternehmen meist der Vorgesetzte, eine Einschätzung der Leistung anderer Personen vornimmt.

Wo nicht mit Zielvereinbarungen gearbeitet wird, die sich häufig an statistisch erhebbaren Ergebnismaßen (also objektiven Kriterien) orientieren, aber auch weiche Kriterien enthalten sollten, sind subjektive Urteilsverfahren weiter verbreitet als objektive (Cascio & Aguinis, 2005).

Alle sind unzufrieden mit subjektiven Kriterien

Ungeachtet ihrer weiten Verbreitung ist zu beobachten, dass Urteiler wie Beurteilte mit der Anwendung subjektiver Maße unzufrieden sind, da sie anfällig sind für absichtliche oder unabsichtliche Verzerrungen wie in Kapitel 2.3 zur Qualität von Leistungsurteilen deutlich wurde. Diese Unzufriedenheit hat bis in die 80er Jahre des letzten Jahrhunderts eine Vielzahl von Forschungsarbeiten stimuliert. Diesem Streben nach zutreffenden Urteilen haben wir eine große Bandbreite unterschiedlicher Urteilsverfahren zu verdanken, die in Kapitel 3.3 detailliert dargestellt werden. Heute wird allerdings mehr Potenzial für die Verbesserung von Leistungsbeurteilungen in der Art gesehen, wie die beteiligten Personen den Beurteilungsprozess handhaben, als in der weiteren Suche nach verbesserten Skalen (Fletcher, 2002).

3.2.2 Bezugspunkte für Leistungskriterien

Unabhängig davon, ob objektive oder subjektive Kriterien für die Leistungsbeurteilung herangezogen werden, unterscheidet Schuler (1989) drei unterschiedliche Bezugspunkte für die Kriterien bei der zu beurteilenden Person: Eigenschaften, Verhalten und Ergebnisse. Abbildung 12 veranschaulicht die allerdings gängige Praxis, Eigenschaften über subjektive Einschätzungen zu erfassen und Ergebnisse eher über objektive Kriterien.

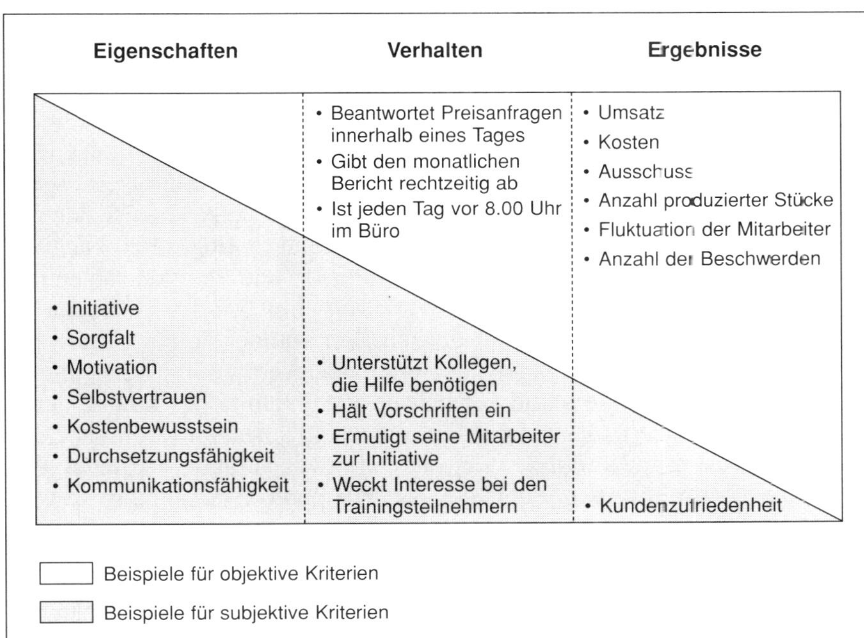

Abbildung 12:
Beispiele für eigenschaftsbezogene, verhaltensbezogene und ergebnisbezogene Kriterien, die entweder subjektive oder objektive Kriterien darstellen

Verhaltenskriterien können objektiv sein, werden typischerweise aber über subjektive Einschätzungen ermittelt. Jeder dieser Bezugspunkte ist mit Vor- und Nachteilen verbunden, aus denen sich die bevorzugten Einsatzgebiete für die Kriterienarten ergeben.

Eigenschaften

> Eigenschaften als Bezugspunkte sind dadurch gekennzeichnet, dass ein zeitlich überdauerndes Merkmal einer Person beurteilt wird wie beispielsweise Zuverlässigkeit, Initiative oder Kommunikationsfähigkeit. Da Eigenschaften grundsätzlich nicht direkt beobachtbar sind, werden sie aus Verhaltensweisen abgeleitet.

Konkret heißt das beispielsweise, eine Führungskraft beobachtet mehrfach bei einer Mitarbeiterin, dass sie ihre Aufgaben im vereinbarten Zeitraum erledigt, ihre Berechnungen korrekt sind und ihre Berichte fehlerfrei. Aus diesen Beobachtungen leitet die Führungskraft die Einschätzung ab, dass die Mitarbeiterin zuverlässig ist. Die Einschätzung für diese eher globalen und vielfach recht abstrakten Kriterien dieser Art ergibt sich demnach aus der Zusammenfassung von Verhaltensbeobachtungen derselben Zielperson in unterschiedlichen Situationen. Der Vorteil von Eigenschaftskriterien ist, dass die Einschätzung aufgrund ihres hohen Abstraktionsgrades Vorhersagen für Leistungen in unterschiedlichen Situationen erlaubt, in denen die Eigenschaft relevant ist. Das heißt, wenn jemand beispielsweise in seinem aktuellen Job kommunikationsfähig ist und kostenbewusst, dann können Sie davon ausgehen, dass er das auch in einem anderen Job sein wird. Eigenschaftskriterien eignen sich deshalb besonders gut für Potenzialeinschätzungen und werden daher häufig in Assessment Center eingesetzt. Nachteilig an ihnen ist die Bewertung der ganzen Person und nicht der einzelnen Leistung. Wenn also jemand als unzuverlässig eingeschätzt wird, kann er das kaum durch andere positive Eigenschaften kompensieren. Gerade bei schlechten Leistungsbewertungen kann das einer „Verurteilung" gleichkommen. Denn Eigenschaften sind per definitionem stabile Merkmale, deren Bewertung impliziert, dass sich Menschen bzgl. dieses Merkmals nicht oder zumindest nur über längere Zeiträume hinweg verändern können. Dadurch kann beim Mitarbeiter eine gewisse Resignation oder sogar Abwehr entstehen, d. h. er gewinnt vielleicht die Überzeugung, eine so große Aufgabe wie die Änderung seiner Persönlichkeit nicht in absehbarer Zeit leisten zu können oder reagiert sogar mit Widerstand, sich nicht ändern zu wollen. Nachteilig ist außerdem, dass sie sich nicht für direkte Rückmeldungen zur Verhaltenssteuerung eignen, weil sie erst in das gewünschte Verhalten rückübersetzt werden müssen. Geben Sie Ihrem Mitarbeiter zum Beispiel die Rückmeldung, er sei nicht sorgfältig genug, ist für ihn nicht direkt ersichtlich, was er anders machen muss. So wird er vielleicht beim

Eigenschaften bewerten die ganze Person

nächsten Schriftstück, das er für Sie anfertigt, einmal mehr nach Tippfehlern suchen und sich ärgern, wenn Sie es nicht bemerken, dass er jetzt sorgfältiger arbeitet als zuvor. Ihr Urteil bzgl. der Sorgfalt war aber vielleicht darauf gestützt, dass Zahlenangaben im Bericht nicht immer korrekt und auf dem neuesten Stand waren und dass Änderungen in Mitarbeiterstammdaten nicht schnell genug ins System eingepflegt wurden.

Verhalten

Als Bezugspunkte für Leistungskriterien können auch Verhaltensweisen gewählt werden wie beispielsweise „beantwortet Preisanfragen innerhalb eines Tages“, „lächelt bei der Begrüßung von Kunden“ oder „schickt Einladungen zu Trainingsveranstaltungen regelmäßig mindestens eine Woche vor Beginn der Veranstaltung an die Teilnehmer“. Im Gegensatz zu Eigenschaftskriterien haben Verhaltenskriterien den großen Vorteil, dass sie für Feedback zur Verhaltenssteuerung und zur Identifikation von Trainingsbedarf; ganz generell, dass sie gut für Personalentwicklungszwecke verwendet werden können.

Feedback kann direkt umgesetzt werden

Denn im Gegensatz zu Eigenschaftskriterien müssen sie nicht in Zielverhalten „rücktransformiert“ werden. Anstatt die Rückmeldung an eine Vertriebssachbearbeiterin zu geben, sie sei zu langsam (Eigenschaftskriterium), spricht ihre Führungskraft direkt das als problematisch empfundene Verhalten an. So hat sie beispielsweise beobachtet, dass die Mitarbeiterin auf unterschiedliche Anfragen von Kunden z. B. zu Preisen und Produktverfügbarkeit häufig erst innerhalb von zwei Tagen geantwortet hat, was nach Meinung der Führungskraft eine zu lange Zeitspanne ist. Sie wird die Mitarbeiterin also auffordern, derartige Anfragen zukünftig innerhalb von 24 Stunden zu beantworten. Bei Verhaltenskriterien weiß die beurteilte Person sofort und ohne Interpretation, welche Verhaltensweisen von ihr erwartet werden, und kann sie entsprechend anpassen oder in einem Training erwerben. Gleichzeitig fühlt sie sich nicht als ganzer Mensch abgewertet (wie es oft bei Eigenschaftskriterien der Fall ist). Das erhöht die Zuversicht, das geforderte Verhalten zeigen zu können. Nachteil verhaltensbezogener Kriterien ist unbestreitbar, dass sie jeweils nur einen Teil der denkbaren Verhaltensweisen abbilden, die prinzipiell zum Ziel führen können. Wird beispielsweise statt des Eigenschaftskriteriums Kostenbewusstsein das Verhaltenskriterium „achtet auf die pünktliche Rechnungsbegleichung durch Kunden“ in die Leistungsbeurteilung einbezogen, so bleibt anderes kostenbewusstes Verhalten wie z. B. die Verkürzung des Zahlungsziels von Kunden oder der geringere Verbrauch von Büromaterial unberücksichtigt. Auch darf nicht vergessen werden, dass Verhaltenskriterien oft nur sprachlich kaschierte Eigenschaftsbewertungen sind. Ein Beurteilungskriterium wie beispielsweise „arbeitet sorgfältig“ oder „verhält sich kundenorientiert“ wirkt durch die Verwendung eines Verbs als sei es verhaltensorientiert, tatsächlich wird aber „Sorgfalt“ bzw. „Kundenorientierung“ abgefragt und damit eine Generalisierung auf das gesamte Arbeitsverhalten nahe gelegt. Bei der Konstruktion oder Auswahl von verhaltensbezogenen Leistungskriterien muss außerdem darauf geachtet werden, dass die Leistung beschreibend und nicht bewertend dargestellt wird. Die Aussage „erstellt die Statistik zum Monatsletzten“ enthält ausschließlich eine Beschreibung, aber keine Bewertung.

Ergebnisse

Eine dritte Möglichkeit bietet die Wahl von Ergebnissen als Bezugspunkt für Leistungskriterien. Bei ihnen werden die Konsequenzen von Leistungsverhalten beurteilt. Beispiele hierfür sind die Anzahl produzierter Stücke, der Umsatz, absolvierte Trainertage etc. Mit Ergebniskriterien wird typischerweise der Problematik begegnet, „Leistung“ gegen „Erfolg“ abzugrenzen.

Ergebniskriterien repräsentieren Unternehmensziele am besten

Während Leistung entweder als Inputvariable (hoher Einsatz, viele Arbeitsstunden) oder als Outputvariable (hohe Anzahl abgeschlossener Verträge, hoher Gewinn) konzipiert wird, handelt es sich bei Erfolg eindeutig um eine Outputvariable (vgl. Kapitel 1.2.1). Bei Leistung als Inputvariable kann für den Beurteiler ein Konflikt entstehen, wie er das große Bemühen eines Mitarbeiters bewertet, das allerdings wenig Erfolg im Sinne der Ziele der Unternehmensleitung hat. Bei der Konzipierung von Leistung als Outputvariable, also als Erfolg, entsteht dieser Konflikt nicht. Der Mitarbeiter wird ausschließlich nach dem bewertet, was er erreicht hat. Ergebniskriterien haben im Vergleich zu den anderen beiden Gruppen den großen Vorteil, am stärksten die Ziele der Unternehmensleitung zu repräsentieren. Außerdem lassen Ergebniskriterien, wie sie typischerweise in Zielvereinbarungen verwendet werden, dem Mitarbeiter den Weg zur Erreichung des Ziels offen. Ob ein Vertriebsmitarbeiter den Zielumsatz dadurch erreicht, dass er einen Zielkunden sehr häufig anruft, ihm Informationsmaterial schickt und ihm das Produkt so in kleinen Schritten näher bringt oder ob er sich auf wenige Besuche beim Kunden konzentriert, in denen er mehrere Unternehmensvertreter im Rahmen einer Präsentation für das Produkt gewinnt, kann dem Vorgesetzten im Wesentlichen gleichgültig sein, solange das angestrebte Ergebnis (z. B. Auftragsabschlüsse in festgelegter Höhe) erreicht wird. Ergebniskriterien haben außerdem den Charme, dass sie meist aufgrund ihrer Quantifizierbarkeit leicht zu erheben sind. Allerdings besteht das Risiko, dass Kriterien gewählt werden, genau weil sie leicht verfügbar sind, ohne zu bedenken, dass sie ggf. nicht die repräsentativsten für die Leistung sind. Das ist häufig bei Personaldaten wie Abwesenheiten und Fluktuation der Fall (vgl. Kapitel 3.2.1, objektive Kriterien).

Allerdings zeichnen sich viele Leistungsbereiche eher dadurch aus, dass Ergebniskriterien nicht in angemessener Weise zur Verfügung stehen (beispielsweise zur Beurteilung von Führungskompetenz). Weiterhin hat die beurteilte Person oft keinen umfassenden Einfluss auf die Ergebniskriterien. Im einleitenden Teil des Buches wurde das Beispiel des Versicherungsvertreters gebracht, der im Gegensatz zu seinen Kollegen in einem Gebiet tätig ist, in dem wenige potenzielle Kunden leben. Im Abschnitt zur Validität von Leistungsurteilen (Kapitel 2.3.1) wurde der Verkäufer genannt, der den Gewinn für einen Auftrag nicht allein beeinflussen kann, weil die Geschäftsleitung ihm einen niedrigeren als den durch ihn realisierbaren Preis vorgibt, um das Risiko zu vermeiden, den aus Referenzgründen notwendigen Auftrag an den Wettbewerb zu verlieren. In beiden Fällen ist das gewählte Ergebniskriterium (Anzahl abgeschlossener Versicherungsverträge, Gewinn) kein adäquates Maß für die Leistung. Gleiches gilt für die Verwendung von Personaldaten. Wie oben beschrieben, ist die Fluktuation

Tabelle 5:
Kennzeichen der drei Kriterienarten

	Eigenschaftskriterien	Verhaltenskriterien	Ergebniskriterien
Prinzip	Beschreibung der Leistung anhand überdauernder Merkmale der Person	Beschreibung der Leistung anhand beobachtbaren Verhaltens der Person	Beschreibung der Leistung anhand des Erfolgs, den die Person erzielt hat
Beispiele	Sorgfalt, Initiative	Bearbeitet Preisanfragen innerhalb eines Tages	Umsatz, Qualität, Ausschuss
Vorteile	Abstraktionsgrad erlaubt situationsübergreifende Beschreibung	Beschreibung ist konkret, muss nicht in Verhalten „rücktransformiert" werden	Einfache Erhebung, Entspricht Zielen der Organisation am stärksten
Nachteile	Bewertung der Person, Eigenschaften sind nicht identisch mit Leistung, Vermittelt Eindruck von Unabänderlichkeit	Ggf. nur eine mögliche Verhaltensweise positiv bewertet, Sprachlich kaschierte Eigenschaftsbewertungen	Suche nach kurzfristigen Erfolgen, Einfluss durch Situation, Überbewertung von Messbarem, Verfügbarkeit eingeschränkt
Bevorzugter Einsatz	Leistungsprognose: Assessment Center, Potenzialanalysen	Personalentwicklung: Verhaltenssteuerung, Identifikation von Trainingsbedarf	Wann immer möglich, Wenn wenig Einblick in Leistungsverhalten gegeben ist (z. B. Forschungstätigkeit, Tätigkeit an entferntem Ort)

nicht nur von der Führungskompetenz, sondern vor allem von der Arbeitsmarktsituation abhängig. Auch kann die Verwendung von Ergebniskriterien dazu führen, dass kurzfristige Erfolge auf Kosten langfristiger Begleiterscheinungen gesucht werden. So kann ein Ergebnisziel „Verringerung der Produktionskosten um x %" dadurch erreicht werden, dass notwendige Wartungsarbeiten an Maschinen nicht durchgeführt werden, was sich negativ auf die Lebensdauer der Maschinen auswirkt und spätere Produktivitätseinbußen durch Maschinenausfälle nach sich ziehen kann. Vor- und Nachteile der Kriterienarten sind mit Empfehlungen zu Einsatzgebieten in Tabelle 5 zusammenfassend dargestellt (vgl. Landy & Farr, 1983; Schuler, 1991).

3.3 Wie soll beurteilt werden: Beurteilungsverfahren

3.3.1 Überblick

Summarische versus analytische Bewertung

Beurteilungsverfahren sind Messinstrumente, mit denen berufliche Leistungen ermittelt werden. Mit ihnen wird festgelegt, auf welche Weise die Leistungseinschätzungen vorgenommen und dokumentiert werden. Dabei wird unterschieden, ob dieser Eindruck summarisch oder analytisch ausgedrückt wird. Bei der summarischen Bewertung wird die Leistung in einem Gesamtkriterium zusammengefasst und bei der analytischen durch mehrere Leistungskriterien beschrieben.

Freie Eindrucksschilderung

Das Verfahren mit den geringsten Vorschriften ist die freie Eindrucksschilderung. Bei diesem formlosen Verfahren schildert der Beurteiler seine Einschätzung der Mitarbeiterleistung in eigenen Worten und im selbst gewählten Umfang. Diese Beurteilungsform bietet die Vorteile, dass der Beurteiler viel Flexibilität hat und die Einschätzung gut zur Verhaltenssteuerung nutzen kann. Aufgrund ihrer fehlenden Standardisierung und der daraus resultierenden geringen Vergleichbarkeit zwischen Personen ist ihre Verwendung aber eher auf sehr kleine Unternehmen beschränkt.

Formgebundene Leistungsbewertung

Die im Folgenden beschriebenen formgebundenen Messinstrumente wurden entwickelt, um die in Kapitel 2.3 beschriebenen Urteilsverzerrungen zu verringern und die Qualität der Leistungsurteile im Vergleich zur freien Eindrucksschilderung systematisch zu verbessern.

Bei der formgebundenen subjektiven Leistungsbewertung werden kriterienbezogene und normbezogene Einschätzungen unterschieden (Landy & Farr, 1983).

Bei der kriterienbezogenen oder auch absoluten Leistungsbeurteilung (Cascio & Aguinis, 2005) werden die Leistungen der Zielperson im Vergleich zu einem feststehenden Maßstab bewertet.

Dieser Maßstab kann sich beispielsweise aus den Aufgaben und Anforderungen ergeben, die in der Stellenbeschreibung genannt sind und orientiert sich typischerweise an der Normalleistung für diese Position. Liegt eine solche Stellenbeschreibung nicht vor, dient der Erfahrungswert der beurteilenden Person für die normalerweise auf dieser Position zu erwartende Leistung als Maßstab. Dieser Vergleichsmaßstab bleibt über längere Zeit konstant und drückt sich in den Skalen aus, die zur Beurteilung verwendet werden. Prinzip der kriterienbezogenen Beurteilung ist, dass jede Person unabhängig von konkreten anderen Personen eingeschätzt wird. Die Skalen, die zur kriterienbezogenen Bewertung eingesetzt werden, sind in Abschnitt 3.3.2 dargestellt.

Woran wird Leistung gemessen?

Anders verhält es sich bei der normorientierten oder relativen Beurteilung. Hier werden aktuelle Mitarbeiter in ihrer Leistung untereinander verglichen. Als Vergleichsmaßstab dient jeweils die derzeitige Leistung anderer Einzelpersonen oder Gruppen. Das heißt, dieser Maßstab ist nicht fix, sondern ergibt sich erst am Ende des Beurteilungszeitraums jeweils aus den dann erreichten Leistungen aller Mitglieder der Bezugsgruppe.

Der Erfolg einer Person ist also von dem Erfolg der anderen abhängig. Bei dieser Form der Beurteilung geht allerdings eine summarische oder analytische, meist kriterienorientierte Beurteilung voraus, auf deren Basis dann die Leistungen der verschiedenen Personen miteinander verglichen werden. Die wichtigsten Möglichkeiten, diesen Vergleich vorzunehmen, sind in Abschnitt 3.3.3 beschrieben.

Einen Sonderfall der Beurteilungsverfahren stellen zielorientierte Verfahren dar. Bei ihnen wird die erbrachte Leistung im Vergleich zu einem oder mehreren zuvor festgelegten Zielen gemessen. Das heißt, hier wird der Vergleichsmaßstab für jeden Beurteilungszeitraum neu festgelegt, ist der beurteilten Person aber im Gegensatz zu den normorientierten Verfahren während des gesamten Beurteilungszeitraums bekannt.

Zielorientierte Verfahren gehören ursprünglich nicht zur Gruppe der Leistungsbeurteilungsverfahren, sondern sind eine Methode der Motivations- und Leistungsförderung (Schuler & Marcus, 2004). Sie werden inzwischen allerdings häufig in Unternehmen als Grundlage für Leistungsbeurteilungen eingesetzt und werden deshalb in diesem Zusammenhang (Abschnitt 3.3.4) beschrieben.

In Abbildung 13 sind die wichtigsten Varianten der Verfahrenstypen im Überblick dargestellt.

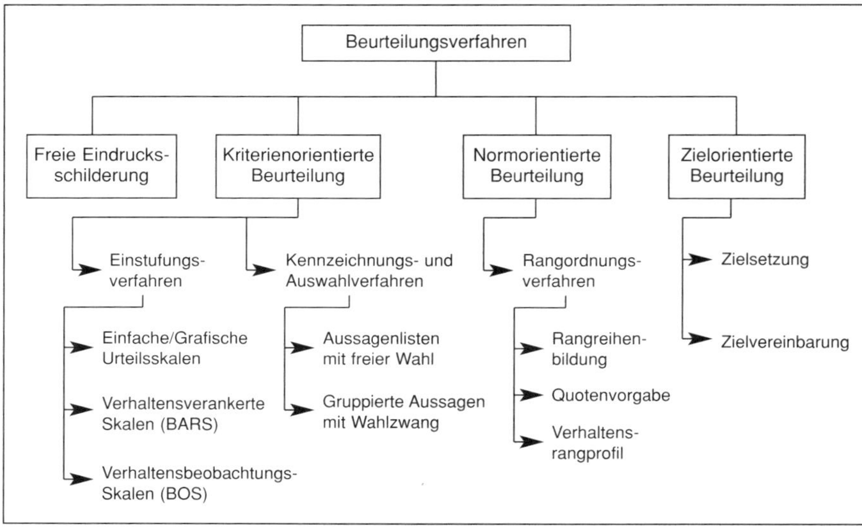

Abbildung 13:
Beurteilungsverfahren im Überblick

3.3.2 Verfahren der kriterienorientierten Leistungsbeurteilung

Kriterienorientierte Leistungsbeurteilung kann durch verschiedene Verfahrenstypen realisiert werden. Unterschiede zwischen den Verfahren liegen im Wesentlichen darin, wie stark das Urteil differenziert werden kann, wie viel Interpretationsspielraum bei der Zuordnung der Verhaltensbeobachtungen zu Kriterien gelassen wird und ob das Leistungsniveau eher durch das Ausmaß der Zustimmung zu einer leistungsbezogenen Aussage ausgedrückt wird oder durch die Häufigkeit, mit der das Verhalten auftritt.

Außerdem setzen die Verfahren unterschiedlich detaillierte und aufwändige Konstruktionsprozesse voraus, in denen ein verschieden starker Bezug zur jeweiligen Tätigkeit realisiert wird.

Einstufungsverfahren

Weit verbreitet

Die Mehrzahl der in Unternehmen verwendeten Messinstrumente ist den Einstufungsverfahren zuzurechen (Marcus & Schuler, 2006). Sie sind dadurch gekennzeichnet, dass die beobachteten Verhaltensweisen oder Leistungen den Kategorien oder Stufen einer Urteilsskala zugewiesen werden.

Im Extremfall wird sogar auf Abstufungen verzichtet, was Beurteilern die Bewertung der Leistung auf einem Kontinuum erlaubt. Zur umfassenden Einschätzung der relevanten Leistungsbereiche werden meist zwischen fünf und zwanzig Skalen eingesetzt.

- *Einfache oder grafische Urteilsskalen*

Einfache Konstruktion

Grafische Urteilsskalen stellen die einfachste und zugleich am weitesten verbreitete Form der Einstufungsverfahren dar. Bei ihnen werden die als relevant erachteten Leistungsmerkmale durch numerisch, adjektivisch oder adverbial markierte Skalen bewertet. Da die Zusammenstellung häufig ohne methodisch stringenten Bezug zu den Tätigkeitsanforderungen erfolgt, lässt sich die Angemessenheit der Skalenstufen nicht im Vorfeld überprüfen (Marcus & Schuler, 2006; Schuler & Marcus, 2004). Beispiele der einfachen Urteilsskalen sind in Abbildung 14 dargestellt.

Jede Skala beschreibt eine Leistungs- oder Merkmalsdimension. Die Anzahl der Stufen oder Skalenabschnitte, mit denen die Leistung beurteilt werden kann, liegt typischerweise zwischen drei und neun, mit einem Optimum bei fünf bis sieben. Liegt die Zahl der Stufen darunter, so ist die Differenzierungsmöglichkeit der Leistung zu gering. Veränderungen wie beispielsweise Leistungssteigerungen von einem Beurteilungszeitraum zum nächsten können kaum abgebildet werden. Würde der Beurteiler trotz einer Verbesserung die gleiche Stufe wie zuvor vergeben, könnte beim Mitarbeiter der Eindruck entstehen, seine Leistungssteigerung würde nicht bemerkt und ausreichend gewürdigt. Wird stattdessen die nächst höhere Stufe gewählt, könnte das einen größeren Anstieg ausdrücken als es der wahrgenommen Steigerung entspricht. Auch würde der Mitarbeiter nach kurzer Zeit entweder die höchste Stufe erreichen oder auf einer der oberen Stufen stagnieren. Beides ist ungünstig, denn im ersten Fall können Argumentationsschwierigkeiten für den Vorgesetzten bei der Entgeltfestlegung auftreten und Selbstüberschätzung beim Mitarbeiter, im zweiten Fall Motivationsprobleme beim Mitarbeiter, weil keine Entwicklung mehr dokumentiert wird.

Eine zu große Anzahl von Abstufungen übersteigt die Differenzierungsfähigkeit des Beurteilers. Daher ist es in solchen Fällen empfehlenswert, zusätzliche zusammenfassende Kategorien zu verwenden (vgl. Beispiel e) in Abbildung 14). Die einzelnen Stufen sollten durch Ziffern, die das Leistungsniveau kennzeichnen, Adjektive oder ausführlichere Verhaltensbeispiele markiert sein. Mindestens müssen die Endpole gekennzeichnet sein, damit Anwender wissen, welches Ende eine hohe Ausprägung und welches eine geringe repräsentiert (ein Beispiel, bei dem das nicht gegeben ist und das so zu Verwirrung führt, ist an erster Stelle in Abbildung 14 gegeben). Je weniger und ungenauer die Skalen und ihre Stufen beschrieben sind, desto größer ist der Interpretationsspielraum für die Anwender und desto geringer daher typischerweise die Übereinstimmung zwischen verschiedenen Urteilern.

grafische Urteilsskalen

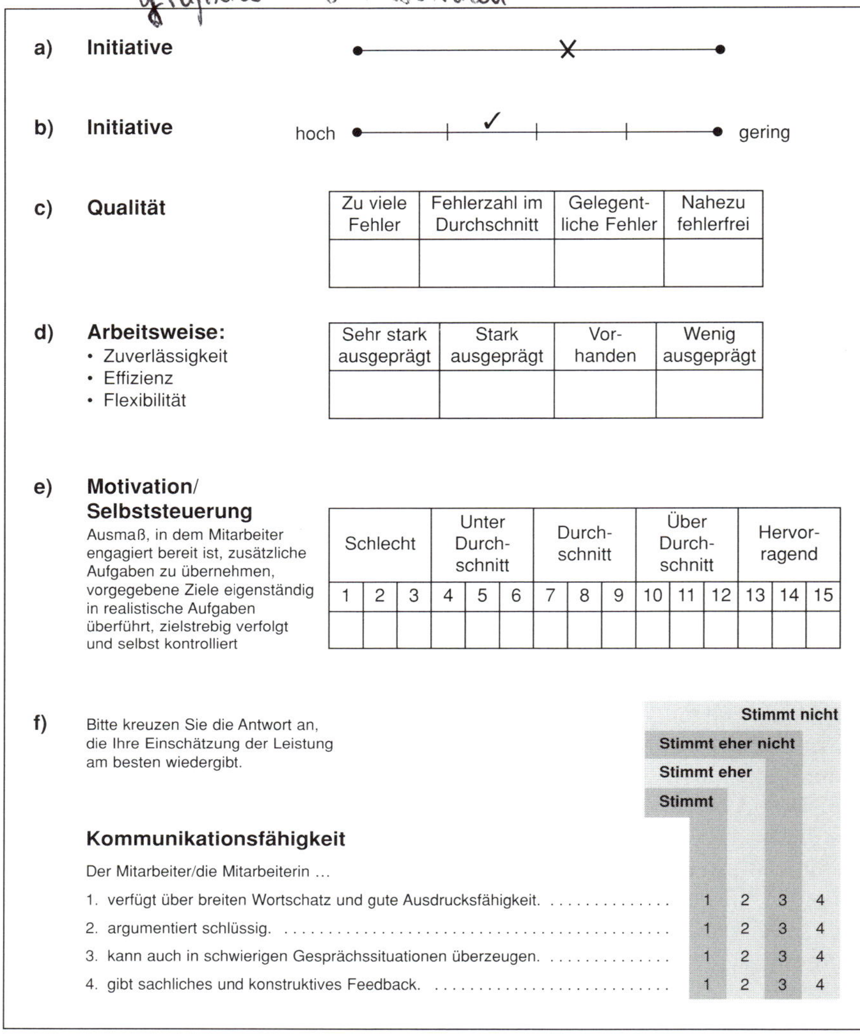

Abbildung 14:
Beispiele für einfache Urteilsskalen (in Anlehnung an Landy & Farr, 1983, S. 59)

• *Verhaltensverankerte Urteilsskalen*

Verhaltensverankerte Urteilsskalen gehören ebenfalls zu den Einstufungsverfahren. Im Zuge der Bemühungen, Urteilsskalen zu entwickeln, die weniger anfällig für Verzerrungen sind als die einfachen Urteilsskalen, wurde bei den verhaltensverankerten Skalen besonderer Wert auf die Eindeutigkeit der Skalenanker gelegt. Bei der Entwicklung der verhaltensverankerten Urteilsskalen (im Englischen *behaviorally anchored rating scales*, abgekürzt BARS) ging es außerdem um die Ausrichtung der Bewertungen an Verhalten anstatt an Eigenschaften (Latham & Wexley, 1982). Im Gegensatz zu den einfachen Urteilsskalen sind bestimmte Skalenstufen durch kurze Beschreibungen stellentypischen Arbeitsverhaltens definiert. Der Konstruktionsprozess dieser Art von Skalen verfolgt das Ziel, spezifische und unterscheidbare Leistungsdimensionen für einen Stellentyp zu identifizieren und zusätzlich für jede Dimension Leistungsniveaus durch konkrete Verhaltensbeispiele zu verankern. So soll erreicht werden, dass diese Anker von verschiedenen Beurteilern möglichst als gleiches, mindestens aber als ähnliches, Leistungsniveau interpretiert werden (Domsch & Gerpott, 1985). Das Konzept der BARS setzt eine Arbeitsanalyse voraus. Es geht auf Smith und Kendall (1963) zurück, wurde später jedoch in vielfältiger Weise abgewandelt (z. B. Campbell, Dunnette, Arvey & Hellervik, 1973; Green, Sauser, Fagg & Champion, 1981), um die Konstruktion zu vereinfachen.

Verhaltensbezogene anstatt eigenschaftsbezogener Beurteilung

Die Schritte zur Entwicklung verhaltensverankerter Urteilsskalen sind in Tabelle 6 in Anlehnung an die Darstellung von Landy und Farr (1983, S. 61)

Tabelle 6:
Schritte zur Entwicklung von verhaltensverankerten Urteilsskalen (BARS)

Nr.	Entwicklungsschritt	Beschreibung der Tätigkeit
1.	Identifikation und Definition von Leistungsdimensionen	Die erste Expertengruppe identifiziert alle für die Position relevanten Leistungsdimensionen (z. B. nach der Methode der kritischen Ereignisse von Flanagan (1954)). Sie definiert die einzelnen Leistungsdimensionen mit niedrigem, durchschnittlichem und hohem Leistungsniveau.
2.	Entwicklung von Verhaltensbeispielen	Für die von der ersten Gruppe identifizierten und definierten Leistungsdimensionen sammelt eine zweite Gruppe von Experten Verhaltensbeispiele auf den drei Niveaustufen.
3.	Erneute Zuordnung der Verhaltensbeispiele	Der dritten Expertengruppe werden in diesem Kontrollschritt die Verhaltensbeispiele in zufälliger Abfolge vorgelegt. Ihre Aufgabe ist es, die Beispiele den vorgegebenen Leistungsdimensionen wieder zuzuordnen. Nur Beispiele, die mit hoher Übereinstimmung derselben Dimension zugeordnet wurden, verbleiben im Pool.
4.	Skalierung	Die vierte Expertengruppe legt für jedes Verhaltensbeispiel fest, welchem Leistungsniveau es entspricht.
5.	Auswahl der Skalenanker	Im letzten Schritt werden die Mittelwerte und Streuungen der Einschätzungen für jedes Verhaltensbeispiel ermittelt. Verhaltensbeispiele, die von den Experten ähnlich eingeschätzt werden (d. h. geringe Streuungen aufweisen), werden nach ihrem Mittelwert an der entsprechenden Stelle auf der Skala positioniert.

Faktor K: Technisches Interesse und Neugier – Interesse und Neugier, die vom Ingenieur gezeigt werden in Bezug auf neuere Entwicklungen in Forschung und Technik

Skala		Verhaltensbeispiele bzgl. dieses Faktors
9	Höheres als übliches Ausmaß an typischen Aktivitäten oder Anstrengungen bzgl. dieses Faktors	Sucht nach Informationen in allen technischen Gebieten
8		Strebt nach Involvement in wichtigen technischen Entwicklungen
7		Leistet eigeninitiativ Überstunden, um sich über neue Entwicklungen zu informieren
6	Übliches Ausmaß an typischen Aktivitäten oder Anstrengungen bzgl. dieses Faktors	Liest gelegentlich Fachzeitschriften in verwandten technischen Gebieten
5		Interesse an neuer Technologie ist normalerweise auf eigenes Gebiet beschränkt
4		Zeigt manchmal eine negative Haltung gegenüber neuen Ideen
3	Geringeres als übliches Ausmaß an typischen Aktivitäten oder Anstrengungen bzgl. dieses Faktors	Ist pessimistisch und zynisch gegenüber neuen technischen Entwicklungen
2		Zeigt wenig Neugier bzgl. Technologien, die mit dem eigenen spezifischen Gebiet zusammenhängen
1		Nimmt eine Haltung gegenüber Entwicklungen ein: „wenn es wichtig ist, wird mich jemand darüber informieren“

Spezifische Vorkommnisse in den Arbeitstätigkeiten der Person mit Bezug zu diesem Faktor:

—— Numerische Beschreibung für diesen Faktor

Abbildung 15:
Beispiel für eine verhaltensverankerte Skala
(aus Landy & Farr, 1983, S. 65, eigene Übersetzung)

aufgeführt. Bei jedem Entwicklungsschritt wird eine neue Gruppe von Experten für die zu beurteilende Tätigkeit eingesetzt, um zu verhindern, dass die vorherige Mitarbeit die Einschätzungen in späteren Schritten beeinflusst. Außerdem wird auf diese Weise eine hohe Zahl von Experten in die Skalenkonstruktion involviert, was deren Qualität positiv beeinflussen sollte. Die Gruppen umfassen typischerweise 15 bis 30 Personen, was dieses Verfahren sehr aufwändig macht.

Beurteiler, die diese Art von Skalen verwenden, vergleichen das beobachtete Leistungsverhalten mit den auf der Skala genannten Beispielen und schätzen danach die Leistung ein. Ein Beispiel einer solchen Skala ist in Abbildung 15 dargestellt.

Aus der Beschreibung der Konstruktionsschritte ist deutlich geworden, dass es sich um ein sehr aufwändiges Verfahren handelt. Trotz der guten Absichten konnte jedoch das Ziel, Urteilstendenzen zu reduzieren, nicht durchgängig erreicht werden. So weisen verschiedene Autoren auf urteilsverzerrende Einflüsse der Verhaltensanker hin (Murphy & Constans, 1987; Piotrowski, Barnes-Farrell & Esrig, 1989), speziell, wenn das beobachtete Verhalten den Skalenankern entsprach (Murphy & Pardaffy, 1989). Das heißt, wenn die Beurteiler ein Verhalten beobachteten, das zufällig auch als Anker auf der Skala genannt war, so ging es mit stärkerem Gewicht in das Urteil ein als Verhaltensweisen, die nicht als Beispiele auf der Skala auftauchten.

Ziel der Verringerung von Urteilsfehlern wurde nur zum Teil erreicht

- *Verhaltensbeobachtungsskalen*

Weniger aufwändig in der Konstruktion und Handhabung sind die Verhaltensbeobachtungsskalen (im Englischen *behavior observation scales*, kurz BOS), die ebenso wie BARS auf einer systematischen Arbeitsanalyse und der Methode der kritischen Ereignisse (vgl. Kapitel 4.5.2) aufbauen (Latham und Wexley, 1982). Ein wesentlicher Unterschied zu den BARS liegt darin, dass die Leistungsdimensionen nicht im ersten Schritt, sondern erst auf der Grundlage von Verhaltensbeispielen gefunden werden und sich damit aus dieser Sammlung ergeben. Die Entwicklungsschritte für Verhaltensbeobachtungsskalen sind in Tabelle 7 beschrieben.

Wichtig ist dabei, eine Häufigkeitsskala zu entwickeln, deren Stufen von den Nutzern als gleich groß wahrgenommen werden. In Abbildung 15 finden Sie das Beispiel einer Skala, bei der die Stufen „manchmal" und „gelegentlich" enger beieinander liegen als die übrigen Stufen. Außerdem wird „gelegentlich" von manchen Urteilern vermutlich als häufiger wahrgenommen als „manchmal". Diese Abstufungen sind daher ungeeignet.

Skalen mit gleichabständigen Stufen finden Sie auf der Karte mit den Komponenten einer Urteilsskala sowie in Abbildung 14. Das unterste Beispiel in Abbildung 14 zeigt eine Zustimmungsskala. Mit dieser Variante können leichter gleiche Abstände formuliert werden, weil die Verwendung gleicher Wörter (z. B. stimmt, eher) den Einfluss durch das individuelle Sprachgefühl reduziert. In jedem Fall sollte bei der Konstruktion von Skalenstufen ein Synonymwörterbuch zu Rate gezogen werden. Eine weitere Möglichkeit, dieses Problem zu umgehen, ist in Abbildung 17 dargestellt, die ein Beispiel für eine spezielle Verhaltensbeobachtungsskala (eine Leis-

Gleichabständige Skalen sind wichtig

Tabelle 7:
Schritte zur Entwicklung von Verhaltensbeobachtungsskalen (BOS)

Nr.	Entwicklungsschritt	Beschreibung der Tätigkeit
1.	Sammlung tätigkeitsrelevanter Verhaltensweisen	Sammlung einer großen Anzahl relevanter Verhaltensbeispiele für den Tätigkeitsbereich und Zusammenfassung gleicher Bedeutungen zu einem Item.
2.	Zusammenfassung von Verhaltensbeispielen zu Leistungsdimensionen	Inhaltlich ähnliche Items werden (möglichst von Arbeitsanalytikern oder Stelleninhabern) zu Leistungsdimensionen zusammengefasst (vgl. Abb. 16).
3.	Erneute Zuordnung der Verhaltensbeispiele zu Leistungsdimensionen	Einer anderen Expertengruppe werden in diesem Kontrollschritt die Verhaltensbeispiele in zufälliger Abfolge vorgelegt. Ihre Aufgabe ist es, die Beispiele den vorgegebenen Leistungsdimensionen wieder zuzuordnen. Nur Beispiele, die mit hoher Übereinstimmung derselben Dimension zugeordnet wurden, verbleiben im Pool.
4.	Überprüfung der Leistungsdimensionen auf Relevanz für die Tätigkeit	Eine weitere Expertengruppe überprüft die Relevanz der Leistungsdimensionen und Verhaltensbeispiele für die Tätigkeit. Jede Leistungsdimension kann durch eine unterschiedliche Anzahl von Verhaltensbeispielen beschrieben werden.
5.	Zuweisung einer Skala zu den Verhaltensbeispielen	Im letzten Schritt wird jeder Verhaltensbeschreibung eine 5-stufige Skala angehängt, deren höchste Stufe mit „fast immer" die niedrigste mit „fast nie" gekennzeichnet ist. Die übrigen Abschnitte werden gleichabständig bezeichnet.

Fachliche Kompetenz

Der Mitarbeiter ...

1. informiert sich über technische Neuerungen in seinem und angrenzenden Fachgebieten.

Fast immer	Häufig	Manchmal	Gelegentlich	Fast nie

Abbildung 16:
Beispiel für eine ungleichabständige Häufigkeitsskala (manchmal und gelegentlich liegen dichter beieinander als häufig und manchmal)

tungsdimension hier vereinfacht mit lediglich zwei Items) darstellt. Bei ihr wird die Häufigkeit des Verhaltens in gleichmäßigen Prozentanteilen der Fälle abgebildet. Beurteiler, die diese Art von Skalen verwenden, markieren durch ihre Antwort, wie häufig die beurteilte Person das beschriebene Verhalten gezeigt hat. Nach einer Zeit der Anwendung werden die Verhaltensbeobachtungsskalen noch einmal überprüft. In der Endform des Beurteilungsinstruments werden nur Items verwendet, die klar zwischen effektivem und ineffektivem Leistungsverhalten unterscheiden können.

Einschätzung der Häufigkeit des Verhaltens

Verhaltensbeobachtungsskalen sind in der Konstruktion etwas weniger aufwändig als BARS, weil die einzelnen Items nicht in ihrem Leistungsniveau vorskaliert werden und nicht für jede Leistungsdimension mehrere Anker gefunden werden müssen. Sie werden als praktikabler und einfacher in der Handhabung eingeschätzt (Fay & Latham, 1982; Wiersma & Latham, 1986).

Arbeitsplanung und -organisation

Der beurteilte Mitarbeiter ...

1. entwickelte vor Projektbeginn einen Plan, in dem Projektorganisation, -termine, -steuerung und -überwachung festgelegt wurden (d. h. er spezifizierte u. a. die Aufgaben aller am Projekt Beteiligten)

Fast nie	1	2	3	4	5	Fast immer
Anteil der Fälle	0–19 %	20–39 %	40–59 %	60–79 %	80–100 %	

2. bereitete sich auf Besprechungen vor, z. B. durch Niederschrift einer Tagesordnung oder der zu besprechenden Diskussionspunkte

Fast nie	1	2	3	4	5	Fast immer
Anteil der Fälle	0–19 %	20–39 %	40–59 %	60–79 %	80–100 %	

Abbildung 17:
Beispiele für Items einer Verhaltensbeobachtungsskala
(in Anlehnung an Domsch & Gerpott, 1985, S. 675)

- *Gestaltungsempfehlungen für Urteilsskalen*

Es muss immer für die konkrete Anwendungssituation entschieden werden, wie das Leistungsbeurteilungsinstrument konzipiert wird. Es gibt allerdings einige Aspekte, die in jedem Fall in die Überlegung einbezogen werden müssen. Hinweise zur Gestaltung von Urteilsskalen sind in Tabelle 8 im Überblick dargestellt.

Tabelle 8:
Gestaltungshinweise für Urteilsskalen

Gestaltungs-aspekt	Empfehlung	Erläuterung
Anzahl zu beurteilender Leistungs-dimensionen	5–20	Die zu beurteilende Leistung soll umfassend durch relevante Kriterien abgedeckt sein und die Beurteiler gleichzeitig nicht bzgl. der Unterscheidungsfähigkeit einzelner Dimensionen überfordern.
Benennung der Dimensionen	Benennung sollte möglichst abstrakt, d. h. unabhängig von einem konkreten Arbeitsplatz erfolgen	Abstraktion von konkreten Positionen erlaubt die möglichst breite Verwendung desselben Instruments sowie eine bessere Vergleichbarkeit über Positionen hinweg.
Zusätzliche Beschreibung der Dimensionen	Jede Dimension soll möglichst eindeutig beschrieben sein	Je eindeutiger, desto weniger Interpretationsspielraum.
Art der verwendeten Skala	Die Verwendung sog. Likert-Skalen ist günstig. Sie geben den Grad der Zustimmung zu einer Aussage zur Leistung an. Alternativ können Häufigkeitsskalen eingesetzt werden, bei denen die Leistung in Bezug auf ihren Anteil an der Arbeitszeit bewertet wird	Likert- oder Häufigkeitsskalen lassen sich meist für das komplette Leistungsbeurteilungsinstrument anwenden und müssen nicht je nach beurteiltem Aspekt angepasst werden.
Anzahl der Skalen-abstufungen	3–9 Optimal: 5–7	Eine zu geringe Anzahl verhindert eine ausreichende Differenzierung innerhalb und zwischen Personen. Eine zu hohe Anzahl übersteigt die Unterscheidungsfähigkeit von Leistungsstufen.
Gerade vs. ungerade Anzahl von Skalen-abstufungen	Bewusste Entscheidung treffen	Gerade Anzahlen zwingen den Urteiler zu einer Richtungsangabe (gut vs. schlecht) und vermindern so Tendenzen zur Verwendung mittlerer Leistungsurteile. Ungerade Anzahlen lassen die Einschätzung eines durchschnittlichen/normalen Leistungsniveaus zu.
Benennung der einzelnen Skalenstufen	Sollte vorgenommen werden: mindestens Zahlen, besser sind gleichabständig gewählte Adjektive oder Adverbien (vgl. Abbildungen 14 und 15)	Wird auf eine Benennung verzichtet, ist der Interpretationsspielraum sehr groß und führt eher dazu, dass von verschiedenen Urteilern selbst gleich wahrgenommene Leistungsniveaus unterschiedliche Bewertungen erhalten können.

Kennzeichnungs- und Auswahlverfahren

Kennzeichnungs- und Auswahlverfahren unterscheiden sich von Einstufungsverfahren hauptsächlich dadurch, dass die beurteilende Person bei jeder Verhaltensaussage entscheiden muss, ob sie dieser Aussage bezüglich der beurteilten Person zustimmt oder nicht. Die beurteilende Person trifft also eine dichotome Entscheidung und gibt nicht das Ausmaß der Zustimmung an wie bei Einstufungsverfahren.

Die Verhaltensaussagen sind repräsentativ für die Tätigkeit, werden aber im Gegensatz zu den Einstufungsverfahren nicht nach Leistungsbereichen sortiert, sondern gemischt vorgegeben. Auf diese Weise sollen Halo-Effekte (vgl. Kapitel 2.3.2) vermieden werden. Für jede Verhaltensaussage wurde zuvor bestimmt, welches Ausmaß an Effektivität sie darstellt. Die Effektivität bestimmt das Gewicht, mit dem die Aussage in die Gesamtbeurteilung eingeht. Um Urteilstendenzen wie den Milde- und Strengeeffekt zu vermeiden, werden die Gewichte den Beurteilern nicht bekannt gegeben. In der Praxis finden Kennzeichnungs- und Auswahlverfahren nur bedingt Anwendung. Ein Grund hierfür liegt im aufwändigen Konstruktionsprozess, ein weiterer in der Voraussetzung, dass den Beurteilern die Effektivitätsniveaus der Verhaltensaussagen nicht bekannt sein sollen. Das schränkt nicht nur die Akzeptanz solcher Skalen bei Anwendern ein, sondern ist auch unrealistisch bei Beurteilern mit guter Kenntnis der Tätigkeit.

Aufgrund aufwändiger Konstruktion und geringer Akzeptanz selten verwendet

Innerhalb der Kennzeichnungs- und Auswahlverfahren werden Aussagelisten mit freier Wahl und gruppierte Aussagelisten mit Wahlzwang unterschieden. Der Konstruktionsprozess, der sich für beide Varianten nur in den letzten beiden Schritten unterscheidet, ist in Tabelle 9 detailliert beschrieben.

Tabelle 9:
Schritte zur Entwicklung von Kennzeichnungs- und Auswahlverfahren

Nr.	Entwicklungsschritt	Beschreibung der Tätigkeit
1.	Sammlung tätigkeitsrelevanter Verhaltensweisen	Es wird eine große Anzahl von Verhaltensbeispielen zusammengestellt, die den Tätigkeitsbereich abdecken. Dabei wird die Instruktion gegeben, Verhaltensbeispiele zu finden, die besonders repräsentativ sind für Personen mit guter Leistung und solche für Personen mit schlechter Leistung (Landy & Farr, 1983).
2.	Bestimmung der Effektivität der Verhaltensweisen	Experten bestimmen für jede Verhaltensaussage, welches Ausmaß der Effektivität der Arbeitsleistung sie darstellt.

Tabelle 9 (Fortsetzung):
Schritte zur Entwicklung von Kennzeichnungs- und Auswahlverfahren

Nr.	Entwicklungsschritt	Beschreibung der Tätigkeit
3.	Gewichtung der Verhaltensweisen	Der Effektivitätsgrad, d. h. das Leistungsniveau (als Zahlenwert auf einer Skala ausgedrückt) stellt gleichzeitig das Gewicht dar, mit dem die Aussage in die spätere Beurteilung eingehen soll.
4.	Auswahl der Verhaltensbeispiele für das Beurteilungsinstrument	Für das Beurteilungsinstrument werden solche Verhaltensaussagen ausgewählt, die erstens von den Experten als möglichst ähnlich effektiv wahrgenommen wurden (d. h. eine geringe Streuung der Einschätzungen aufweisen) und die zweitens die gesamte Bandbreite der Effektivität des Leistungsverhaltens abbilden (d. h. es werden Verhaltensaussagen mit geringen, mittleren und hohen Gewichten ausgewählt). Das Gewicht (das dem Leistungsniveau entspricht) wird auch Diskriminationsindex genannt.
5.	Ermittlung der Erwünschtheit von Verhaltensweisen (für gruppierte Aussagenlisten mit Wahlzwang)	Für jede Verhaltensaussage wird durch eine andere Gruppe von Experten ermittelt, wie wünschenswert bzw. vorteilhaft oder günstig sie für die erfolgreiche Ausübung der Tätigkeit wirken (ohne dass sie allerdings tatsächlich mit dem Erfolg in Verbindung stehen). Der Mittelwert je Aussage bildet den sog. Bevorzugungsindex.
6.	Gruppierung der Verhaltensaussagen (für gruppierte Aussagenlisten mit Wahlzwang)	Für das Beurteilungsinstrument werden Aussagen unterschiedlicher Leistungsbereiche zusammengefasst, die möglichst unterschiedliche Effektivitätsniveaus abbilden (d. h. möglichst unterschiedliche Gewichte aufweisen), aber möglichst gleich günstig erscheinen (Bevorzugungsindex). Auf diese Weise sollen bewusste Anpassungen der Urteile und Mildeeffekte vermieden werden.

Aussagelisten mit freier Wahl

Bei dieser Variante werden dem Beurteiler mehrere leistungsbezogene Aussagen vorgelegt. Für jede der Aussagen trifft der Urteiler die Entscheidung, ob die Aussage für die Zielperson zutrifft oder nicht. Die Aussagen decken den gesamten Leistungsbereich bzgl. der Inhalte und der Effektivität des Arbeitsverhaltens ab. Je größer das Ausmaß an Effektivität (d. h. je höher das Leistungsniveau), desto stärker ist das Gewicht der Aussage innerhalb der Gesamtbewertung. Diese Gewichte werden dem Beurteiler allerdings nicht mitgeteilt, um sein Urteil nicht zu beeinflussen. Die Leistungsbeurteilung wird im Anschluss an die Bewertung durch Addition oder Mittelwertsbildung über diejenigen Aussagen ermittelt, die der Beurteiler ausgewählt hat. Je höher der Wert ist, desto besser die Arbeitsleistung. Beispielaussagen dieses Beurteilungsverfahrens sind in Abbildung 18 dargestellt.

Aussage	Trifft zu	Trifft nicht zu	Gewicht
Der Bäcker/die Bäckerin gestaltet die Schaufenster attraktiv	❐	❐	8,5
Er/sie lässt die Mitarbeiter Brötchen verkaufen, die auf den Boden gefallen sind	❐	❐	1,4
Er/sie lässt sich die Arbeit von seinen/ihren Mitarbeitern rückdelegieren	❐	❐	3,1
Er/sie ermutigt seine/ihre Mitarbeiter zur Initiative	❐	❐	8,1
Er/sie hat brauchbare Formulare entwickelt	❐	❐	6,4

Abbildung 18:
Beispielitems einer Aussagenliste mit freier Wahl (verändert nach Schuler, 2004c, S. 14. Die grau unterlegten Teile sind den Beurteilern nicht bekannt)

Gruppierte Aussagelisten mit Wahlzwang

Eine andere Variante, die eher selten verwendet wird, ist die Möglichkeit vorgegebene Aussagen nach dem Multiple-Choice-Prinzip auszuwählen. Wie in Tabelle 9 beschrieben, werden Aussagen gruppiert (typischerweise jeweils zwei oder vier), die den gesamten Leistungsbereich bzgl. Effektivität oder Bedeutsamkeit für die erfolgreiche Ausübung der Tätigkeit (Diskriminationsindex) und Inhalt abdecken. Meist wird so vorgegangen, dass in einer Gruppe von vier Aussagen (Tetrade) je zwei effektive und zwei ineffektive Verhaltensweisen kombiniert werden (Landy & Farr, 1983). Wichtig ist in jedem Fall, dass alle Aussagen einer Gruppe dabei gleich vorteilhaft erscheinen (Bevorzugungsindex). Die Beurteiler, die weder Diskriminationsindex noch Bevorzugungsindex kennen, sind aufgefordert, innerhalb der Gruppe diejenige Aussage auszuwählen, die dem Verhalten der beurteilten Person am ehesten entspricht. Die Leistungsbeurteilung wird wie bei den Aussagen mit freier Wahl im Nachhinein durch Summierung oder Mittelwertsbildung über die ausgewählten Aussagen bestimmt, die effektives Verhalten repräsentieren. Je höher der Wert, desto besser ist das Leistungsniveau der beurteilten Person. Beispielaussagen einer gruppierten Aussageliste mit Wahlzwang sind in Abbildung 19 dargestellt. Das Beispiel zeigt, dass Aussage zwei das am wenigsten effektive Verhalten, Aussage drei das effektivste (geringster bzw. höchster Diskriminationsindex) darstellt, während alle vier Aussagen sehr ähnliche Bevorzugungsindices aufweisen, also annähernd gleich günstig erscheinen.

Gleich attraktiv, aber unterschiedlich bedeutsam für Erfolg

Bitte geben Sie an, welche der folgenden Aussagen das Verhalten des Mitarbeiters am ehesten beschreibt		**Diskriminations-index** (= Erfolgsrelevanz)	**Bevorzugungs-index** (= wahrgenommene Vorteilhaftigkeit)
1. Hat Geduld mit langsam Lernenden	❒	1,15	2,82
2. Zeigt beim Unterrichten Selbstvertrauen	❒	0,54	2,75
3. Weckt Interesse und Aufmerksamkeit bei den Schülern	❒	1,39	2,89
4. Teilt die Lernziele der nächsten Stunde im Voraus mit	❒	0,79	2,85

Abbildung 19:
Beispielitems einer Aussagenliste mit Wahlzwang zur Beurteilung von Lehrleistungen (verändert nach Schuler, 2004c, S. 15. Die grau unterlegten Teile sind den Beurteilern nicht bekannt)

3.3.3 Verfahren der normorientierten Leistungsbeurteilung

Chancen und Risiken normorientierter Verfahren

Bei der normorientierten Beurteilung werden die Leistungen von Mitarbeitern miteinander verglichen und in Relation zueinander bewertet. Die Einschätzung kann summarisch anhand der wahrgenommenen „Gesamtleistung" oder analytisch, d. h. anhand mehrerer Leistungskriterien vorgenommen werden. Diese Vorgehensweise hat verschiedene Vorteile. Speziell bei der summarischen Bewertung liegt ein Vorteil darin, dass das Verfahren weniger aufwändig zu entwickeln ist als kriteriumsorientierte Verfahren. Auch bei der analytischen Bewertung werden meist wenige relevante Kriterien festgelegt. Auf die Formulierung von Verhaltensbeispielen, die unterschiedliche Effektivität der Arbeitsleistung repräsentieren, wird typischerweise verzichtet und die Interpretation den Beurteilern überlassen. Bei der Beschränkung auf wenige Kriterien oder ein Gesamtkriterium ist die regelmäßige Überprüfung, ob die Kriterien noch repräsentativ für die Tätigkeit sind, deutlich weniger aufwändig als bei kriteriumsorientierten Verfahren.

Geringer Konstruktionsaufwand

Die relative Leistungsbeurteilung hat das Ziel, durch den Vergleich der Mitarbeiter untereinander den Wettbewerb unter ihnen zu stärken, um dadurch insgesamt höhere Leistungen für das Unternehmen zu erzielen. Die Mitarbeiter motivieren sich gewissermaßen gegenseitig. Die Motivationsfunktion ist besonders stark, wenn der Rangplatz entscheidend für die Zuweisung finanzieller Belohnungen, d. h. variabler Gehaltskomponenten oder Prämien, ist.

Leistungssteigerung durch Wettbewerb unter Mitarbeitern

Relative Leistungsbeurteilungen werden außerdem als Grundlage für eine kontinuierliche Steigerung des Leistungsniveaus des Unternehmens eingesetzt. Das wird umgesetzt, indem man versucht, die besten Mitarbeiter zu halten und sich von „Minderleistern“ zu trennen. So gibt es in einigen Unternehmen den personalpolitischen Grundsatz, jedes Jahr einen festen Prozentsatz der am schlechtesten bewerteten Mitarbeiter zu entlassen (Hoffmann, 2003). So werden für General Electric 10 % und Infinion 5 % kolportiert (Woollen, o. J.; o. V., 2003), denn offen wird darüber selten gesprochen. Erfolgt die Leistungsbeurteilung bereits als direkter Vergleich zwischen Personen, so kann dieses Ergebnis direkt für die Entscheidung genutzt werden, von welchen Personen sich das Unternehmen trennt. Ein Vergleichsprozess, der sich bei der kriterienorientierten Beurteilung erst noch anschließen müsste, erübrigt sich. Mit normorientierten Beurteilungen können außerdem Urteilsverzerrungen wie den Tendenzen zur Milde oder Strenge sowie zur ausschließlichen Nutzung mittlerer oder extremer Urteile (vgl. Abschnitt 2.2.3) begegnet werden. Dabei ist allerdings zu beachten, dass es bei kleinen Gruppen leicht zu Ungerechtigkeiten kommen kann, speziell bei sehr homogenen Leistungen.

Vergleich untereinander hat auch viele Nachteile

Normorientierte Verfahren bergen auch einige andere Risiken. So ist ihre Akzeptanz bei Führungskräften und Mitarbeitern sowie Arbeitnehmervertretern aufgrund ihres Nullsummencharakters nicht immer gegeben. Was heißt das konkret? Es kann vorkommen, dass jemand trotz absoluter Leistungssteigerung von einem zum nächsten Beurteilungszeitraum dennoch eine relativ gesehen schlechtere Endposition erreicht, weil andere Mitarbeiter stärkere Leistungsanstiege erzielt haben. Bei Knüpfung des Ergebnisses an die Entlohnung kann es also trotz Leistungssteigerungen zu gehaltlichen Einbußen kommen. Viele Mitarbeiter erleben das als ungerecht und demotivierend. Auch ist das Verfahren für das Teamklima nicht unbedingt förderlich, da eigene Verbesserungen ausschließlich „auf Kosten“ anderer Kollegen erreicht werden können. Ein Beispiel des Zusammenhangs von Gehaltseinbußen und Leistungssteigerung (Mitarbeiter Rot) ist schematisch in Tabelle 10 dargestellt. Von Mitarbeiter Gelb würde sich das Unternehmen trotz der Leistungssteigerung trennen.

Ein weiteres potenzielles Problem der relativen Leistungseinschätzung liegt darin, dass in vielen Fällen weder Informationen über das absolute Leistungsniveau einer Person noch über absolute Leistungsunterschiede zwischen Personen verfügbar sind (Landy & Farr, 1983). Denn typischerweise liegt die Leistung nicht wie im Beispiel in Tabelle 10 in Zahlen vor, sondern ist eine Mischung aus quantitativen und qualitativen Kriterien, aus denen dann die Rangfolge erstellt wird. Es geht aus der Bewertung als Rangreihe dann also nicht hervor, ob der oder die Beste hervorragende, mittelmäßige oder geringe Leistungen aufweist. Dieses Faktum ist speziell dann relevant, wenn die Leistungsbeurteilungen für Personalentscheidungen (z. B. Platzierungsentscheidungen im Rahmen von Nachwuchsförde-

Tabelle 10:
Schematische Darstellung des Zusammenhangs von Gehaltseinbußen und Leistungssteigerung (Mitarbeiter Rot)

Rang	Jahr 1		Jahr 2	
	Mitarbeiter	Leistung	Mitarbeiter	Leistung
1	Rot	1.500	Pink	1.600
2	Blau	1.490	Blau	1.590
3	Grün	1.440	Grün	1.565
4	Weiß	1.350	Rot	1.560
...				
10	Gelb	1.100	Gelb	1.200

rungsprogrammen) herangezogen werden. Der potenziell negative Effekt dieses Beurteilungsverfahrens soll an einem vereinfachten Beispiel veranschaulicht werden. Leistungseinschätzungen werden typischerweise für jede Person dokumentiert, ohne dabei gleichzeitig zu erfassen, im Rahmen welcher Vergleichsgruppe die Einschätzung zustande gekommen ist. Die spätere Verwendung der Einschätzung erfolgt dann ohne diesen Zusammenhang. Stellen Sie sich vor, ein Mitarbeiter A zeigt hervorragende Leistungen. Da er aber in einem sehr leistungsstarken Team arbeitet, gilt er nur als der Zweitbeste, denn ein Kollege ist noch besser. Ein Mitarbeiter B arbeitet in einem anderen, sehr leistungsschwachen Team und ist dort mit seiner absolut gesehen mittleren bis guten Leistung aufgrund der geringen Konkurrenz der Beste. Wird eine gewisse Zeit später die Einschätzung als Entscheidungsgrundlage (z. B. für einen Karriereschritt) verwendet, so ist der Vergleich mit der damaligen Bezugsgruppe nicht mehr gegeben und Mitarbeiter B hat die besseren Chancen auf die Beförderung.

Personenrangordnungen

Eine typische Methode der relativen Beurteilung ist die Erstellung einer Rangordnung aller Mitarbeiter der betrachteten Einheit (d. h. beispielsweise eines Teams oder einer Abteilung oder einer Berufsgruppe). Die Rangreihe kann über den direkten Vergleich aller zur beurteilenden Gruppe gehörigen Personen erstellt werden oder indirekt über Paarvergleiche aller Personen. Als Ergebnis der Rangreihenbildung erhält der beste Mitarbeiter den Rangplatz eins, der zweitbeste den Rangplatz zwei und so weiter. Da die Rangreihenbildung mit zunehmender Zahl zu bewertender Personen immer unübersichtlicher wird, empfiehlt Viswesvaran (2002) das „al-

Rangplatz	Vorgehen bei Rangordnung	Vorgehen bei alternierendem Ranking
1	1. Festlegung	1. Festlegung
2	2. Festlegung	3. Festlegung
3	3. Festlegung	...
4	...	...
...	...	...
N−1	...	4. Festlegung
N	Letzte Festlegung	2. Festlegung

Abbildung 20:
Bildung einer Rangordnung (links) im Vergleich zum alternierenden Ranking (rechts)

ternierende Ranking“. Danach werden zunächst die beste und die schlechteste Person benannt, und ihnen werden der erste und letzte Rangplatz zugewiesen (s. Abb. 20). Von den dann verbleibenden Personen werden wieder die beste und die schlechteste ausgewählt und ihnen der zweite und vorletzte Rangplatz zugeordnet. Auf diese Weise wird mit der ganzen Gruppe verfahren.

Günstig für große Gruppen

Quotenvorgaben

Alternativ zur Personenrangordnung wird auch eine sog. Quotenvorgabe angewendet (vgl. Schuler, 2004c). Sie orientiert sich an der Annahme, dass berufliche Leistung annähernd normalverteilt ist. Entsprechend erhält die beurteilende Person häufig die Vorgabe, ihre Mitarbeiter in bestimmtem Verhältnis vorgegebenen Leistungsgruppen zuzuordnen. Abbildung 21 zeigt beispielhaft ein Kategorisierungsschema, in dem an einer Normalverteilung orientiert jeweils 5 % der Mitarbeiter den Kategorien weit überdurchschnittlich und weit unterdurchschnittlich zugeordnet werden müssen und je 20 % den Kategorien über- und unterdurchschnittlich. Die restlichen 50 % der Mitarbeiter sind als durchschnittlich einzustufen. Wie bereits angesprochen, wird diese Vorgehensweise speziell in Gruppen mit homogenen Leistungen als ungerecht empfunden.

Oft ungerecht bei kleinen und leistungshomogenen Gruppen

Verhaltensrangprofile

Stehen Aspekte der Personalentwicklung im Vordergrund der Beurteilung, empfehlen Schuler und Kollegen (Schuler, Muck, Hell, Höft, Becker & Diemand, 2004) die Verwendung von Verhaltensrangprofilen. Bei dieser

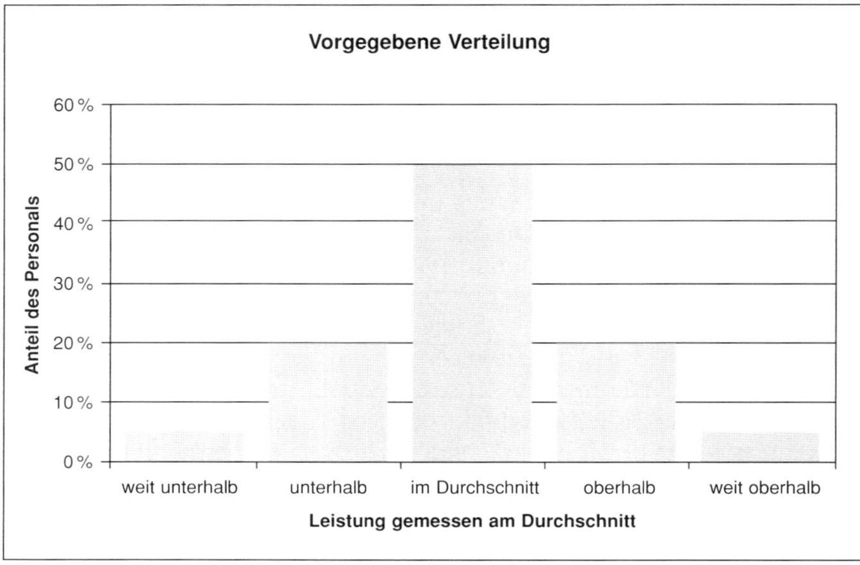

Abbildung 21:
Beispiel einer Quotenvorgabe für die Beurteilung der Mitarbeiter

Variante der Rangordnungsbildung werden nicht die Leistungen verschiedener Personen miteinander verglichen, sondern die Leistungen einer Person in unterschiedlichen Leistungsbereichen mit den Anforderungen des Arbeitsplatzes in diesen Leistungsbereichen. Es handelt sich hierbei um eine Einschätzung, wie gut die Person den Arbeitsplatz ausfüllt (Person-Job-Fit). Bei diesem Beurteilungsverfahren werden zunächst die relevanten Leistungsdimensionen arbeitsanalytisch ermittelt und nach ihrer Bedeutung für die erfolgreiche Ausübung der Tätigkeit in eine Rangfolge gebracht. Diese Rangreihe stellt das Soll-Profil des Arbeitsplatzes dar. Für die Einschätzung der Passung von Arbeitsplatz und Person wird dann die Leistung der Person in den verschiedenen Leistungsdimensionen ebenfalls in eine Rangreihe gebracht (Ist-Profil). Der Person-Job-Fit wird durch Rangkorrelation der beiden Rangreihen ermittelt (vgl. Abb. 22).

Person-Job-Fit

Rechnerisch wird das Maß für die Passung von Mitarbeiter und Arbeitsplatz durch eine Rangkorrelation, einem Maß für den Grad der Übereinstimmung beider Rangreihen, ermittelt.

$$r = 1 - (6 \Sigma d^2) / n (n^2 - 1)$$

wobei d die Abweichung des Soll-Rangplatzes von der des Ist-Rangplatzes und n die Anzahl der Leistungsdimensionen ist. Die Berechnungsgrundlage ist beispielhaft in Tabelle 11 dargestellt.

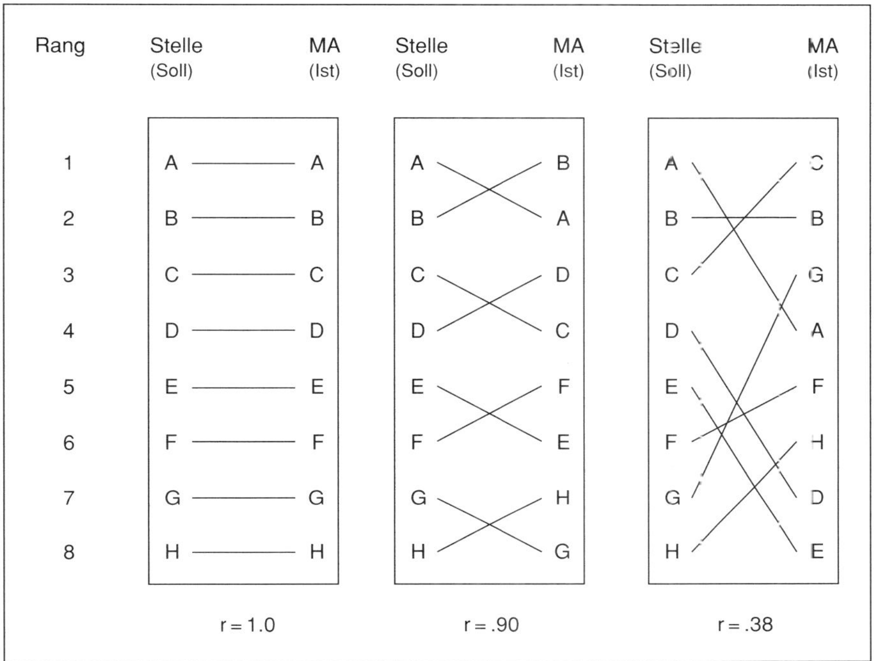

Anmerkung: Die Buchstaben repräsentieren Leistungsdimensionen, ihre Position den Platz innerhalb der Rangreihe. A ist die bedeutsamste Leistungsdimension für diesen Arbeitsplatz, H ist am wenigsten bedeutsam. Je höher der Korrelationskoeffizient, d. h. je näher er an 1 liegt, desto besser ist die Passung zwischen Person und Arbeitsplatz

Abbildung 22:
Veranschaulichung unterschiedlicher Ausmaße der Passung von Mitarbeiter (MA) und Arbeitsplatz (Stelle) anhand des Verhaltensrangprofils (in Anlehnung an Schuler et al., 2004, S. 139)

Für das Beispiel ergibt sich folgender Rangkorrelationskoeffizient:

$$r = 1 - (6 \times 80) / 8\,(64 - 1) = 1 - 480 / 504 = 1 - 0.95 = 0.05.$$

Der Wert für die Passung zwischen Person und Arbeitsplatz beträgt r = 0.05, d. h. Mitarbeiter und Arbeitsplatz passen nicht zueinander.

Schuler und Kollegen empfehlen, einer Abweichung von ein bis zwei Rangplätzen keine Bedeutung beizumessen. Größere Abweichungen sollten allerdings beachtet und ihre möglichen Ursachen beleuchtet werden. Gründe für die Abweichung können darin liegen, dass der Mitarbeiter die Tätigkeit übernommen hat, ohne der Anforderung in der entsprechenden Dimension gerecht zu werden. Das kann in vielen Fällen durch eine Personalentwicklungsmaßnahme wie ein Training, aber auch einfach mit der Zeit durch

Tabelle 11:
Rechnerische Ermittlung des Person-Job-Fit über das Verhaltensrangprofil, d. h. dem Vergleich der Rangreihe der Anforderungen des Arbeitsplatzes mit der Rangreihe der Leistungen der Person (in Anlehnung an Klingner, Schuler, Diemand & Becker, 2004, S. 194)

Rang	Rangreihe Arbeitsplatz (Soll)	Rangreihe Person (Ist)	Abweichung (Soll – Ist) d	d^2
1	Kundenorientierung	Qualitätsorientierung	1 – 5 = –4	16
2	Qualitätsorientierung	Fachkompetenz	2 – 1 = 1	1
3	Auftreten	Lernbereitschaft	3 – 8 = –5	25
4	Initiative	Kooperation	4 – 6 = 2	4
5	Kooperation	Kundenorientierung	5 – 4 = 1	1
6	Fachkompetenz	Initiative	6 – 2 = 4	16
7	Lernbereitschaft	Belastbarkeit	7 – 3 = 4	16
8	Belastbarkeit	Auftreten	8 – 7 = 1	1
			Summe	80

„learning-by-doing“ behoben werden. Ist nicht mit einer Anpassung der Kompetenzen an die Anforderungen zu rechnen, so ist zu überlegen, ob diese betroffene Aufgabe aus dem Tätigkeitsbereich der Person ausgegliedert und beispielsweise einem Kollegen zugewiesen wird. Sind mehrere Leistungsdimensionen mit deutlichen Abweichungen von Soll und Ist betroffen, so ist das ein Hinweis darauf, dass Person und Arbeitsplatz nicht zueinander passen. Es sollte dann nach einer Tätigkeit gesucht werden, bei der der Mitarbeiter seine Fähigkeiten besser einbringen kann.

3.3.4 Verfahren der zielorientierten Leistungsbeurteilung

Führung mit Zielen zur Steigerung von Leistung und Motivation

Zielsetzungsverfahren werden häufig als Methode der Leistungsbeurteilung verstanden, obwohl es sich eher um ein Verfahren zur Förderung von Leistung und Motivation als um eine Beurteilung der Leistung handelt (Schuler & Marcus, 2004). Ausgehend von den Zielen der Unternehmensleitung werden für jede nachfolgende Hierarchiestufe Ziele bis auf den einzelnen Mitarbeiter heruntergebrochen. Die Anwendung solcher Verfahren ist in vielen Unternehmen auf den Managementbereich beschränkt.

Fazit
Der Vorteil der Anwendung von Zielen besteht darin, dass sie das Streben von Menschen nach der Erreichung von Zielen nutzen und der ausführenden Person die Wahlfreiheit des Weges zur Erreichung des Ziels lassen (Locke & Latham, 1990). Das erhöht das Gefühl von Selbststeuerung und Handlungsspielraum. In der Praxis wird Führung mit Zielen entweder in der Weise praktiziert, dass die Ziele von Vorgesetzten einseitig vorgegeben werden (Zielsetzung) oder dass sie im partnerschaftlichen Gespräch gemeinsam festgelegt werden (Zielvereinbarung).

Zielsetzung versus Zielvereinbarung

Als Bezugspunkte für die Leistungsbeurteilung werden meist Ergebniskriterien verwendet (vgl. Kapitel 3.2), weil sie am besten die Ziele der Unternehmensleitung abbilden und so der Erfolgssteigerung auf Unternehmensebene dienen. Gleichwohl sind für die Zwecke der Motivations- und Verhaltenssteuerung nach Erkenntnissen der Zielsetzungsforschung verhaltensorientierte Ziele sinnvoller (Marcus & Schuler, 2006).

Wirkung von Zielen auf die Leistung

Der positive Zusammenhang zwischen Zielen und Leistung hat sich in vielen Studien bestätigt und gilt als unbestritten (vgl. Kleinbeck, 2004). Die Wirkweise hängt allerdings von verschiedenen Faktoren ab, die in Abbildung 23 schematisch dargestellt und im Folgenden beschrieben werden.

Hohe und spezifisch formulierte Ziele können die Leistung fördern. Wichtig dabei ist, dass die Ziele sich auf Aufgaben beziehen, die von den Ausführenden als anspruchsvoll empfunden werden, z. B. dadurch, dass die Mitarbeiter Verantwortung übernehmen können und die Aufgaben wichtig und interessant sind. Neben den Zielen ist die zweite Voraussetzung für hohe Leistung eine hohe Selbstwirksamkeit, d. h. das Zutrauen der Person in ihre Fähigkeiten, die Aufgabe zu erfüllen. Ziele und Zutrauen führen dazu, dass Mitarbeiter ihr Verhalten auf die Ziele ausrichten und nach Strategien suchen, die für die Zielerreichung nützlich sind. Außerdem bewirken sie eine höhere Anstrengung und Ausdauer als niedrige und vage formulierte Ziele und geringes Zutrauen.

Die Höhe der resultierenden Leistung wird noch durch weitere Faktoren beeinflusst. Die tatsächlichen Fähigkeiten der Person, die Aufgaben zu erfüllen, ihr Commitment, d. h. die Bindung an die Ziele, Feedback bzgl. der Zielerreichung sowie die Aufgabenkomplexität und situative Rahmenbedingungen beeinflussen sowohl das Verhalten als auch die Leistung. Gute Leistungen in anspruchsvollen Aufgaben, die entsprechend belohnt werden (z. B. durch Erkennen des eigenen Beitrags oder des Arbeitsfortschritts, an-

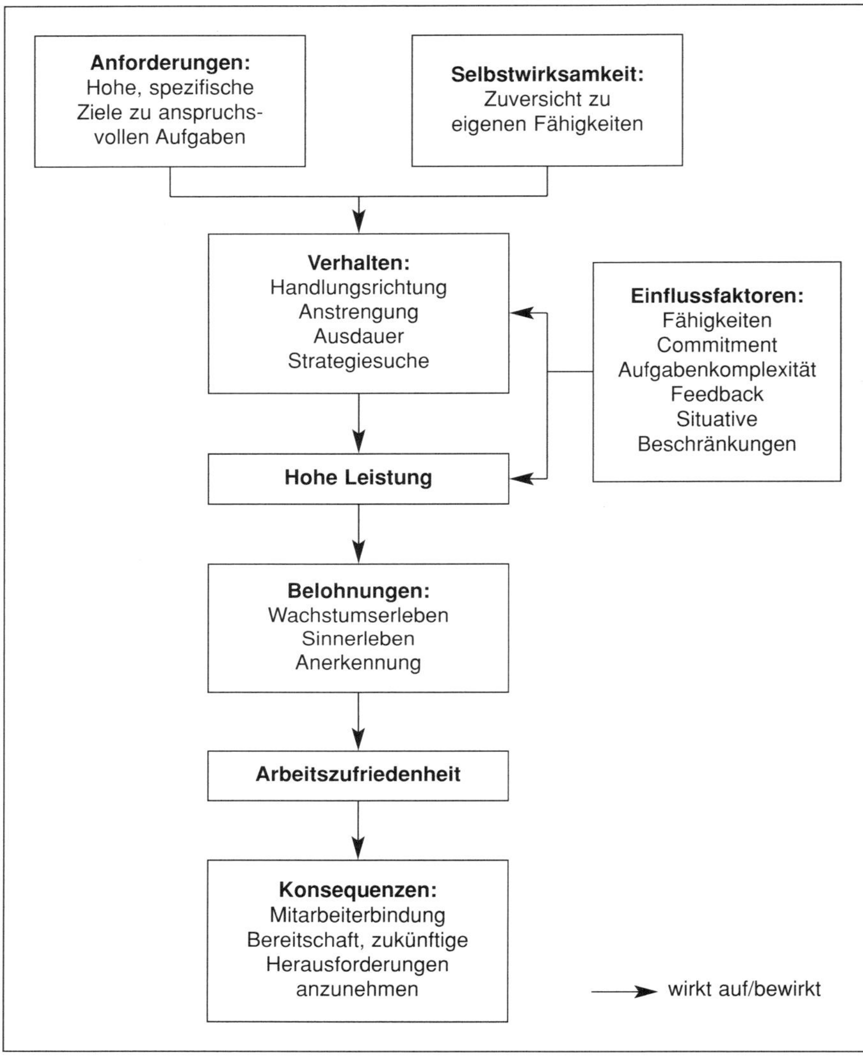

Abbildung 23:
Wirkung von Zielen zur Erreichung hoher Leistung
(Darstellung in Anlehnung an Latham, Locke & Fassina, 2002)

erkennendes Feedback, finanzielle Konsequenzen, Karriereschritte) führen zu hoher Arbeitszufriedenheit. Die Folge hoher Arbeitszufriedenheit ist eine stärkere Bindung an das Unternehmen und die Bereitschaft, auch zukünftig hohe Ziele zu akzeptieren und sich zu engagieren.

Konsequenzen für die Anwendung von zielorientierten Verfahren in der Unternehmenspraxis

Aus der Vielzahl der Forschungsergebnisse zur Wirkung von Zielen auf die Leistung (zusammenfassend in Latham et al., 2002) lassen sich wichtige Hinweise für die Anwendung von Zielsetzungsverfahren in Unternehmen ableiten.

> Commitment zu Zielen erhöht die Leistung. Daher ist es wichtig, ein hohes Commitment bei den Mitarbeitern zu erreichen. Das Commitment zu Zielen hängt neben der Selbstwirksamkeit von der Erreichbarkeit des Ziels, seiner Attraktivität, der Beteiligung am Prozess der Zielfindung und der Vorgesetzten-Mitarbeiterbeziehung ab. Auf alle Faktoren kann prinzipiell Einfluss genommen werden.

Ziele fördern Leistung unter bestimmten Bedingungen

Die Selbstwirksamkeit kann durch die Art des Feedbacks beeinflusst werden. Gibt der Vorgesetzte beispielsweise Feedback, indem er Verhaltensweisen des Mitarbeiters positiv herausstellt, die für die Zielerreichung förderlich sind, und zeigt er weitere konkrete Verbesserungsmöglichkeiten auf, so wird dies das Zutrauen des Mitarbeiters in seine Kompetenzen eher fördern. Wird der Fokus hingegen auf alles gerichtet, was dem Mitarbeiter nicht gelungen ist und erfolgen keine konstruktiven und verhaltensnahen Verbesserungsvorschläge, so wird das Zutrauen des Mitarbeiters, die Ziele erreichen zu können, eher abnehmen.

Positives Feedback stärkt das Zutrauen in die eigenen Leistungen

Die Erreichbarkeit der Ziele hängt außerdem davon ab, in welchem Ausmaß Fähigkeiten und Arbeitsbedingungen des Mitarbeiters bei ihrer Festlegung berücksichtigt werden. Bei ausschließlicher Vorgabe durch die Unternehmensleitung besteht die Gefahr, dass Ziele zu hoch gesetzt werden, da sie stärker durch Wunschvorstellungen als durch die angesichts der Marktlage erreichbaren Leistungen bestimmt sind. Außerdem ist bei der Kopplung der Zielerreichung an die Zahlung von Gehaltsbestandteilen die Möglichkeit gegeben, Ziele systematisch zu hoch zu setzen, um Gehaltszahlungen zu verringern. Die Erreichbarkeit von Zielen kann durch Beteiligung am Zielfindungsprozess gesteigert werden, weil dann die Perspektive des Mitarbeiters berücksichtigt wird. Die Attraktivität der Zielerreichung hängt von Anreiz- und Belohnungssystemen und ihrer Passung zu den Präferenzen des Mitarbeiters ab.

Ziele sollen hoch, aber erreichbar sein

Bei der Festlegung der Zielhöhe muss beachtet werden, dass fremd gesetzte Ziele typischerweise höher sind als selbst gesetzte. Das entspricht dem Vorsichtsprinzip und gilt noch stärker für Personen mit geringer Selbstwirksamkeit, die also misserfolgsängstlicher sind als Personen mit hoher Selbstwirksamkeit. Diese Erkenntnis spricht eher für eine einseitige Zielsetzung. Allerdings wird dabei oft nicht beachtet, dass der positive Zusammenhang

Fremdgesetzte Ziele sind höher

zwischen Ziel und Leistung nur gilt, wenn das Ziel innerhalb der fähigkeitsbedingten Leistungsgrenzen liegt. Weiterhin wird vernachlässigt, dass es häufig einen Austausch zwischen Menge und Güte der Leistung gibt (Kleinbeck, 2004). Damit ist gemeint, dass eine schnellere Erledigung der Arbeit, die beispielsweise im Produktionsbereich zu einer größeren Anzahl gefertigter Stücke führt, oft durch eine weniger sorgfältige Arbeit erreicht wird, die mit einer geringeren Qualität (z. B. durch später auftretende Mängel im Endprodukt) einhergeht. Das heißt, die Qualität muss entweder über andere Kriterien erfasst werden, oder in das Quantitätskriterium aufgenommen werden (z. B. gilt erst als erfüllt, wenn es keine Reklamationen im Zeitraum x gibt). Kleinbeck weist außerdem darauf hin, dass das Nichterreichen von Zielen zu Misserfolgserlebnissen führt, die sich negativ auf Zielbindung und Selbstwirksamkeitsempfinden auswirken können, speziell bei misserfolgsängstlichen Personen. Ein weiterer Umstand muss berücksichtigt werden: Um ihren Selbstwert zu schützen, neigen Menschen dazu, Misserfolge äußeren Ursachen zuzuschreiben, so dass ein negatives Feedback selbst bei erfolgsmotiverten Personen nicht unbedingt dazu führt, dass der eigene Einsatz gesteigert wird. Daher muss eine Balance zwischen Zielhöhe und Erfolgswahrscheinlichkeit gefunden werden. Latham et al. (2002) empfehlen außerdem, Mitarbeitern, die die Aufgaben sicher beherrschen, eher Ergebnisziele zu geben, und Mitarbeitern, die sie nicht beherrschen, lieber Lernziele. Der Zusammenhang zwischen Partizipation und Commitment legt partnerschaftliche Zielvereinbarung anstatt einseitiger Zielsetzung nahe. Durch die Beteiligung von Mitarbeitern bei der Zielfindung wird erreicht, dass Leistungsgrenzen beachtet werden, Ziele realistisch sind und Commitment aufgebaut wird. Beteiligung sollte speziell bei Personen mit hoher Selbstwirksamkeit angewandt werden.

Austausch zwischen Qualität und Quantität beachten

Misserfolgserlebnisse vermeiden

Stärkung der Zielbindung durch Beteiligung

3.4 Wer soll beurteilt werden: Einzelpersonen und/oder Teams

Es wurde bereits darauf hingewiesen, dass die Bewertung von Einzelpersonen die übliche Form der Leistungsbeurteilung ist. Das gilt auch noch in einer Zeit, in der die Arbeit von Mitarbeitern in Teams immer stärkere Bedeutung gewinnt. Vor allem in der Projektarbeit sind die Teammitglieder in viel höherem Maße von Verhalten und Ergebnissen der Kollegen abhängig als bei einer klassischen Abteilungsstruktur. In diesen Arbeitssituationen bildet die ausschließlich individuelle Leistungsbeurteilung den Beitrag zur Erreichung der Unternehmensziele nicht immer adäquat ab. In der Gruppenarbeit, wie sie in der industriellen Produktion anzutreffen ist, gibt es häufig keinen gruppeninternen Vorgesetzten, was nach Ansicht von Breisig (2005) die reguläre individuelle Beurteilung problematisch macht. So sollte zumindest in Unternehmen mit einem hohen Anteil an Gruppen- und Projektarbeit, bei denen es schwierig ist, Leistungen einzelnen Mitarbei-

Teambeurteilung ist speziell bei Projektarbeit sinnvoll

tern zuzuordnen, die individuelle Bewertung durch eine Einschätzung der Gruppenleistung ergänzt werden.

> Im Fokus einer Gruppenbewertung stehen Gruppenprozesse und -ergebnisse, die nicht durch die Beurteilung der individuellen Leistung erfasst werden. Durch die Einführung von Gruppenbeurteilungen kann ein unternehmenskulturelles Signal gesetzt werden, weil dadurch deutlich wird, dass Gruppenleistungen beachtet und geschätzt werden.

Das kann einen Beitrag zur Personal- und Organisationsentwicklung bedeuten und einer stark wettbewerbsorientierten und auf Einzelkämpfertum ausgerichteten Kultur entgegenwirken. Gleichwohl ist der Einsatz von Teambewertungen auch für die Entgeltfindung möglich. Damit ist nicht die aktuell bereits häufig praktizierte Vorgehensweise gemeint, einen Teil des variablen Entgelts vom Ergebnis einer organisatorischen Einheit abhängig zu machen. Zwar wird auch auf diese Weise indirekt Zusammenarbeit gefördert, jedoch zielen die Ansätze zur Teambewertung stärker auf die direkte Förderung von gegenseitiger Unterstützung und gemeinsamen Lernens sowie auf die Entwicklung eines positiven Klimas ab.

Muck, Schuler, Becker und Diemand (2004) beziehen sich in ihrem Ansatz zur Bewertung von Gruppenleistungen auf die Unterscheidung der Gruppeneffektivität nach Hackman (1987) in Ergebnis- und Prozesskriterien. Außerdem nehmen sie Bezug auf das Modell der Teamreflexivität von West (vgl. auch van Dick & West, 2005, in dieser Reihe), in dem aufgabenbezogene und beziehungsbezogene Reflexivität von Teams unterschieden wird. Reflexivität bezieht sich auf Aktivitäten des Nachdenkens, des Hinterfragens und Analysierens der Tätigkeitsinhalte und des eigenen Vorgehens. Muck und Kollegen schlagen die Kombination beider Herangehensweisen vor und entwickeln so die Dimensionen der Betrachtung von Gruppenleistungen, die in Abbildung 24 dargestellt sind.

	Prozess	**Ergebnis**
Aufgabe	Aufgabenbezogene Zusammenarbeit	Leistung
Beziehung	Sozioemotionales Gruppenverhalten	Qualität der Beziehungen

Abbildung 24:
Dimensionen zur Bewertung von Gruppenleistungen
(aus: Muck et al., 2004, S. 162)

Dimensionen zur Bewertung von Gruppenleistungen
Aufgabenbezogene Zusammenarbeit
Die aufgabenbezogene Zusammenarbeit umfasst die Fähigkeit der Gruppe, die notwendigen arbeitsbezogenen Prozesse zu bewältigen, wie beispielsweise Formulierung von Gruppenzielen, Informationssammlung und -weitergabe, Einbringen des jeweiligen Expertenwissens, Entwicklung von Lösungsalternativen, Aufgabenstrukturierung und -verteilung. Beispielitem: Im Team werden angemessene Problemlösestrategien verwendet
Leistung
Leistung bezieht sich bei Projekten auf die üblichen Erfolgsmaße, d. h. die Erreichung der angestrebten Qualität, die Einhaltung des Kostenrahmens und des Terminplans, aber auch auf das durch die Projektarbeit erreichte Kompetenz- bzw. Qualifikationsniveau der Teammitglieder. Allgemein bezieht sich Leistung auf den quantitativen und qualitativen Zielerreichungsgrad der Gruppe und den Beitrag zur Weiterentwicklung des Unternehmens sowie die Kundenzufriedenheit. Beispielitem: Das Projekt wurde im Zeitrahmen gemäß Vertrag fertiggestellt
Sozioemotionales Gruppenverhalten
Hierzu gehören kommunikativ kompetentes Verhalten, kooperatives Verhalten, Einbezug aller Gruppenmitglieder bei der Lösungsfindung, Strategien des Konfliktmanagements, Verhalten, das zu positivem Klima in der Gruppe beiträgt, Offenheit und gegenseitiger Respekt im Umgang miteinander. Beispielitem: Konflikte werden offen angesprochen
Qualität der Beziehungen
Die Dimension bezieht sich auf das Ausmaß des gegenseitigen Vertrauens und der Offenheit, auf die Zufriedenheit mit den Beziehungen und die Motivation, die von der Gruppe ausgeht, und die Bereitschaft, zukünftig miteinander zu arbeiten. Beispielitem: In dieser Teamkonstellation würde ich gern ein weiteres Projekt bearbeiten

Für jede der vier Dimensionen werden Items nach Methoden formuliert und überprüft, wie sie im Kapitel zur kriterienorientierten Leistungsbeurteilung beschrieben sind, und mit einer geeigneten Skala versehen (z. B. einer fünfstufigen Häufigkeitsskala mit den Endpolen „fast immer" und „fast nie" wie bei Muck et al., 2004).

Muck und Kollegen (2004) empfehlen den Einsatz des so konstruierten Instruments für die Selbsteinschätzung von Gruppen (Gruppenselbstbeurteilung) sowie für die Einschätzung anderer Gruppen, mit denen die eigene Gruppe interagiert (Gruppenfremdeinschätzung). Werden beide Arten der Erhebung durchgeführt, so kann die Selbsteinschätzung mit dem Fremdbild abgeglichen werden. Die Ergebnisse bilden eine gute Grundlage für Teamentwicklungsprozesse.

Einsatz für Selbst- und Fremdeinschätzung

Zusätzlich zur Gruppenbeurteilung kann auch die Zielsetzung bzw. -vereinbarung für Gruppen sinnvoll sein (Wegge, 2004). So fanden Erke und Jöns (2003), dass sich die Vorgabe schwieriger Ziele positiv auf die Leistungsverbesserung von Teams auswirkte.

3.5 Wer soll beurteilen: Die Urteilsquellen

Wenn geklärt wurde, welche Personen bzw. Personengruppen anhand welcher Leistungskriterien und Beurteilungsverfahren bewertet werden sollen, stellt sich als nächstes die Frage, welche Personen bzw. Personengruppen diese Einschätzung sinnvollerweise vornehmen sollten. Dafür kommen prinzipiell Vorgesetzte, Gleichgestellte, Unterstellte, die Person selbst sowie unternehmensexterne Personen in Frage. Alle Gruppen haben eine unterschiedliche Perspektive auf die Zielperson und können unterschiedliche Leistungsbereiche besonders gut einschätzen. Die verschiedenen Urteilergruppen kommen je nach Zielen des Leistungsbeurteilungssystems und ihrer prinzipiellen Eignung für die Leistungseinschätzung zum Einsatz.

Beurteilung durch Vorgesetzte

Die Beurteilung durch Vorgesetzte oder Top-down-Beurteilung ist immer noch die gängigste Variante, weil diese Vorgehensweise in Übereinstimmung mit der hierarchischen Struktur von Unternehmen wahrgenommen wird. Die Führungskraft verwertet und vertritt die Arbeitsleistungen ihrer Mitarbeiter und verantwortet Personalentscheidungen wie gehaltliche Anpassungen und Entwicklungsmaßnahmen. Eine Studie von Hell, Schuler, Boramir und Schaar (2006) unter den umsatzstärksten deutschen Unternehmen zeigt, dass Mitarbeiterbeurteilungen durch Vorgesetzte sowohl bei der internen Personalauswahl als auch bei der Personalentwicklung Verwendung finden. Bei der Häufigkeit des Einsatzes von Verfahren zur inter-

Häufigste Form und gut akzeptiert

nen Personalauswahl (d. h. Platzierungsentscheidungen) rangiert die Beurteilung durch Vorgesetzte auf Platz 2 direkt nach dem Vorschlag durch Vorgesetzte. Bei den Personalentwicklungsmethoden (im Gegensatz zur internen Personalauswahl steht die Leistungssteigerung im Vordergrund) wird die Vorgesetztenbeurteilung als dritthäufigste Methode nach internen und externen Weiterbildungen eingesetzt. Das Verfahren wird für alle Mitarbeitergruppen angewandt und ist in seiner Einsatzhäufigkeit über die letzten Jahre gleich hoch geblieben.

Vorgesetzte sollten aber nicht die einzige Quelle für Leistungsbeurteilungen sein. Denn speziell bei flachen Hierarchien, die mit großen Führungsspannen verbunden sind, und bei hoch qualifizierten Tätigkeiten der Mitarbeiter (z. B. in der Forschung) reicht der Einblick der Führungskraft in die Tätigkeit der Mitarbeiter nicht mehr aus, um sie umfassend zu beurteilen. Beurteilungen gelten in solchen Fällen stärker durch die Einschätzungen von Fertigkeiten und Kenntnissen als durch das tatsächliche Verhalten beeinflusst (Hunter, 1983). Auch wird angenommen, dass die Urteile von Vorgesetzten durch deren Motive bzgl. der Konsequenzen der Leistungsbeurteilung beeinflusst sind. Beispielsweise könnten schlechtere Urteile abgegeben werden, um einen Mitarbeiter nicht durch Beförderung aus dem eigenen Team zu verlieren, oder beschönigt werden, um einen Mitarbeiter durch Beförderung gezielt aus dem Team zu entfernen (vgl. Kapitel 2.3.3).

Beurteilung durch Gleichgestellte/Kollegen

Verschiedene Bereiche der Leistung können besonders gut durch Kollegen eingeschätzt werden, die entweder eine vergleichbare Tätigkeit selbst ausüben oder mit der beurteilten Person direkt zusammenarbeiten, wie beispielsweise im Projektteam. Hierzu gehören Aspekte der Kooperation, der Zuverlässigkeit in der Zusammenarbeit und fachliche Faktoren. Allerdings fühlen sich Kollegen typischerweise nicht besonders wohl, wenn sie an Beurteilungen für administrative Zwecke mitwirken sollen, sondern bevorzugen ein Feedback zu Personalentwicklungszwecken (Marcus & Schuler, 2006).

Einsatz für Personalentwicklungszwecke

Beurteilung durch Mitarbeiter

Die Beurteilung durch die eigenen Mitarbeiter, die sog. Aufwärtsbeurteilung, Bottom-up- oder Vorgesetztenbeurteilung stellt eine weitere Option der Leistungsbeurteilung dar (Domsch, 1992). Sie gehört inzwischen in großen Wirtschaftsunternehmen zu den Standardinstrumenten der Personalarbeit (Nerdinger, 2005). In den umsatzstärksten deutschen Unternehmen wird diese Form der Beurteilung bei allen Mitarbeitergruppen (am stärksten jedoch bei Führungskräften) für die Personalentwicklung eingesetzt (Hell et al., 2006), d. h. auch bei Mitarbeitern, die andere Mitarbeiter führen, aber nicht formal zum Management gehören. Konkret dient sie zur Verbesserung des Führungsverhaltens, der Initiierung eines Dialogs zwischen Vorgesetzten und Mitarbeitern sowie der Steigerung der Zufriedenheit von Mitarbeitern (Domsch, 1992; vgl. auch Fecher, 1995). Da sich Führungsverhalten auf die eigenen Mitarbeiter richtet, können diese naturgemäß besonders gut dessen Wirkung beobachten und beurteilen. Ausgehend von der Überzeugung, dass Führungskräfte ihr Verhalten nur verbessern können, wenn sie Feedback darüber erhalten, wie ihr Verhalten auf Mitarbeiter wirkt, werden verschiedene Bereiche des Führungsverhaltens beurteilt wie beispielsweise Zielvereinbarung und Delegation, Informationsverhalten, Motivierung der Mitarbeiter und Entscheidungsverhalten. Ein weiteres Ziel der Aufwärtsbeurteilung ist die Partizipationsfunktion. Mitarbeitern wird dadurch die Möglichkeit eröffnet, Einfluss und Verantwortung für die Gestaltung der Beziehung zu Vorgesetzen zu übernehmen.

Speziell für Führungsverhalten

Die häufigste Form der Durchführung bei der Aufwärtsbeurteilung ist die Einschätzung des beobachtbaren Führungsverhaltens anhand von fünf bis zehn der o. g. Verhaltensbereiche jeweils anhand von drei bis sechs Fragen, die auf einer abgestuften Skala beantwortet werden (d. h. kriteriumsorientiert, vgl. Kapitel 3.3.2). Um Informationen für weitere, nicht direkt durch die standardisierten Fragen abgedeckten Bereiche zu erhalten, ist es empfehlenswert, zusätzlich offene Fragen zu stellen.

Beachte: Aufgrund der Umkehrung der typischen Hierarchieverhältnisse wird diese Form der Beurteilung nicht von allen Beteiligten geschätzt. Die Besorgnis von Mitarbeitern, dass eine offene Kritik an ihrer Führungskraft negative Konsequenzen für sie haben könnte, hat zu der Praxis geführt, die Einschätzungen zu anonymisieren.

Das heißt, Beurteilungen dürfen erst ab einer bestimmten Mindestzahl von direkten Mitarbeitern (drei bis fünf) durchgeführt werden, Beurteilungsbögen dürfen nicht gekennzeichnet werden und handschriftliche Einträge müssen durch eine neutrale Stelle in Maschinenschrift umgewandelt werden (Nerdinger, 2005). Häufig werden die Einschätzungen aller Mitarbeiter einer Führungskraft zusammengeführt und nur als Durchschnittseinschätzungen rückgemeldet. Außerdem werden Urteile von Mitarbeitern stärker zum Zweck des Feedbacks denn als Grundlage für Personalentscheidungen genutzt. Auf diese Weise wird eine höhere Akzeptanz durch Vorgesetzte sicher gestellt. Maßnahmen, die sich an Aufwärtsbeurteilungen anschließen können, sind auf individueller Ebene die Teilnahme an Führungs- und Persönlichkeitstrainings sowie zunehmend auch individuelle Coachings. Darüber hinaus können auf Unternehmensebene aggregierte Ergebnisse auch dazu genutzt werden, gezielte Anpassungen von Führungskräfteauswahl- und -entwicklungsprogrammen vorzunehmen (Nerdinger, 2005). Zu den

Wirkungen von Aufwärtsbeurteilungen ist noch wenig bekannt. Tendenziell kann gesagt werden, dass Vorgesetzte ihre Veränderungen positiver wahrnehmen als Mitarbeiter, dass schlechter beurteilte Vorgesetze stärker von Feedback profitieren und dass sich ein Gespräch zwischen Vorgesetzten und Mitarbeitern über das Feedback günstig auswirkt (vgl. Nerdinger, 2005). Außerdem sind Aufwärtsbeurteilungen besser für Entwicklungszwecke denn als Grundlage für administrative Entscheidungen zu empfehlen, da sie in ersterem Fall eine höhere Qualität haben, also zutreffender sind (Greguras, Robie, Schleicher & Goff, 2003). Bei Einschätzungen für administrative Zwecke ist mit nicht-leistungsbezogenen Einflüssen der Beurteiler zu rechnen.

Allerdings ist auch nicht immer mit Verbesserungen als Folge von Feedback zu rechnen. So fanden Atwater, Waldman, Atwater und Cartier (2000) nur bei 50 % der Vorgesetzten, die Feedback im Rahmen einer Aufwärtsbeurteilung erhalten hatten, positive Veränderungen. Nach ihren Befunden hingen Verbesserungen bzw. diesbezügliche Anstrengungen davon ab, wie hilfreich die beurteilten Vorgesetzten das Feedback fanden und wie stark ihr Zynismus gegenüber der Organisation (und damit vermutlich auch dem Instrument gegenüber) ausgeprägt war. Wird Feedback nicht als hilfreich wahrgenommen und haben die Vorgesetzten eine eher zynische Haltung, so sind weniger Verbesserungen zu erwarten. Außerdem fanden die Autoren, dass diejenigen Führungskräfte, die bessere Einschätzungen rückgemeldet bekamen, später mehr Commitment gegenüber ihren Mitarbeitern zeigten, während schlechter beurteilte Personen später weniger Commitment aufwiesen.

Beurteilung durch Kunden/Externe

Speziell bei Tätigkeiten mit hohem Dienstleistungsanteil (z. B. Elektrohandel, Restauration, Training, Beratungstätigkeiten) kann eine Leistungsbeurteilung durch Kunden sinnvoll sein (Cascio & Aguinis, 2005). Die Kunden nehmen den Teil der Leistung eines Mitarbeiters wahr, der am dichtesten an den Zielen der Unternehmensleitung liegt. Das heißt, sie können in besonderem Maße Information über Leistungsergebnisse beisteuern. Außerdem haben sie direkten Kontakt mit dem Mitarbeiter und können daher zu Verhaltensweisen Auskunft geben, die Auftreten, Umgang und Kundenorientierung etc. betreffen. Andererseits ist bei schlechten Leistungen in diesem Bereich mit geringerer Wahrscheinlichkeit mit einer Rückmeldung zu rechnen als aus anderen Quellen, denn die meisten Menschen scheuen sich davor, negative Rückmeldungen zu geben und möglicherweise in eine Auseinandersetzung zu geraten. Leider ist deshalb zumindest bei geringer Abhängigkeit des Kunden vom Lieferanten eher zu erwarten, dass Kunden auf Feedback verzichten und bei Unzufriedenheit zukünftig alternative Lieferanten wählen.

Fazit
Die Einbeziehung von Kunden in die Leistungsbeurteilung kann aber auf jeden Fall sehr vorteilhaft sein, weil die Kunden auf diese Weise direkt erfahren, wie stark das Unternehmen an hoher Leistung interessiert ist. Das schafft Vertrauen und stärkt die Geschäftsbeziehung. Ein Risiko ist allerdings darin zu sehen, dass die Unternehmensexternen auf diesem Weg Einblick in Schwachpunkte des Unternehmens erhalten.

Schafft Vertrauen

Selbstbeurteilung

Selbsteinschätzungen stellen eine wichtige Komponente der Leistungsbeurteilung dar, weil die Person selbst unmittelbaren und zeitlich umfassenden Zugang zum eigenen Leistungsverhalten hat. Ihre Güte wird meist im Vergleich mit Vorgesetztenurteilen bestimmt, da deren Einschätzungen in Organisationen aufgrund ihrer höheren hierarchischen Position relevanter sind (Moser, 2004). Allerdings sind Selbsteinschätzungen durch eine größere Milde gekennzeichnet als Urteile aus anderen Quellen, sofern sie für administrative Zwecke (z. B. Gehaltsanpassung oder Beförderung) verwendet werden (Levine, 1980; Thornton, 1980), wobei Moser (2004) darauf hinweist, dass auch Vorgesetztenurteile vom Skalenmittelpunkt zur positiven Seite des Urteilskontinuums verschoben sind. Als Motive für milde Selbstbewertungen können persönliche Entwicklungsziele und Selbstwertschutz angenommen werden (Ashford, 1990; Fox, Caspy & Reisler, 1994). Allerdings ist dieser Effekt weniger zu erwarten, wenn die Selbstbeurteilung als Teil eines 360-Grad-Feedbacks (siehe unten) erhoben wird oder wenn eine Überprüfung der Selbsteinschätzung in anderer Form angekündigt wird (Moser, 2004). Dass sie z. T. nur geringe Übereinstimmung mit Urteilen aus anderen Quellen aufweist (Harris & Schaubroek, 1988), wird darauf zurückgeführt, dass (unabhängig vom Leistungsbeurteilungsinstrument, auf dem dann die Einschätzung dokumentiert wird) unterschiedliche Dimensionen der Leistung einbezogen und verschieden gewichtet werden, d. h. dass die Personen selbst auch Fähigkeiten und Kenntnisse einbeziehen, die ggf. im Beurteilungszeitraum nicht zum Einsatz kamen, während Vorgesetzte sich stärker an beobachtbaren Ergebnissen orientieren. Moser (2004) vermutet außerdem, dass Vorgesetzte andere Mitarbeiter als Bezugspunkt für ihre Einschätzung verwenden, während Mitarbeiter ihre Leistungen mit ihren eigenen früheren Leistungen vergleichen. Moser berichtet auf der Grundlage verschiedener Metaanalysen eine geringe Übereinstimmung mit Vorgesetztenurteilen, je komplexer die Tätigkeit ist, und führt diesen Effekt auf den höheren Anteil nicht beobachtbarer und -beurteilbarer Leistungen durch Vorgesetzte bei komplexen Tätigkeiten zurück. Die Urteilerübereinstimmung kann in begrenztem Maß zusätzlich über das Leistungsbeurteilungsinstrument gesteuert werden: Seine Merkmale bestimmen, auf

Wichtige Ergänzung zu anderen Urteilsquellen

welche Art von Leistungsinformation das Augenmerk gerichtet wird, da die Kenntnis des Instruments die Informationssuche beeinflusst (vgl. Kapitel 2.2). Auch hat sich gezeigt, dass die Urteile von Vorgesetzten mit Selbsteinschätzungen besser übereinstimmen, wenn differenziertere Einschätzungen anhand verschiedener Urteilsdimensionen im Vergleich zu globalen Einschätzungen verlangt werden (Moser, 2004). Diese Beobachtung kann allerdings dadurch erklärt werden, dass ein höherer Detaillierungsgrad weniger Interpretationsspielraum lässt, welche Leistungen als relevant zu betrachten sind.

360-Grad-Feedback

Unter 360-Grad-Feedback oder Rundum-Beurteilung (im englischen Sprachraum eher *multi-rater feedback* oder *multi-source feedback*, vgl. Scherm, 2004) werden Ansätze zur Beurteilung von Personen aus der Perspektive unterschiedlicher Personengruppen verstanden, die unterschiedliche hierarchische Positionen einnehmen. Nach einer Befragung der umsatzstärksten deutschen Unternehmen (Hell et al., 2006) werden 360-Grad-Feedbacks zu Personalentwicklungszwecken eingesetzt. Zielgruppen sind dabei überwiegend Führungskräfte, jedoch kommt das Verfahren auch bei Angestellten ohne Führungsaufgaben und seltener bei Facharbeitern zum Einsatz. Die relativ neue Form der Leistungsbeurteilung hat in Deutschland sowohl Anerkennung als auch Kritik erfahren (vgl. Scherm & Kaufel, 2005). Sie greift die Erkenntnisse auf, dass keine der o. g. Urteilergruppen ein vollständiges Bild der Leistung einer Person geben kann, sondern dass jede Gruppe einen bestimmten Leistungsbereich besonders gut einschätzen kann. Beurteilergruppen, die einbezogen werden, umfassen direkte Vorgesetzte, Kollegen, die die gleiche Tätigkeit ausüben (z. B. in einer Abteilungsstruktur), Kollegen, die nicht die gleiche Tätigkeit ausüben, aber mit der zu beurteilenden Person gleichgestellt zusammenarbeiten (wie beispielsweise in einer Projektgruppe), eigene Mitarbeiter und die eigene Person sowie ggf. zusätzlich unternehmensexterne Personen wie Kunden oder Lieferanten.

Ziel = vollständiges Bild des Beurteilten

So können unterstellte Mitarbeiter besonders gut das Führungsverhalten einschätzen, gleichgestellte Projektmitglieder das Kooperationsverhalten, gleichgestellte Kollegen beispielsweise das Fachwissen und Kunden die Kundenorientierung. Voraussetzung für die Einschätzung ist, dass die Beurteiler im regelmäßigen Kontakt zur Fokusperson stehen und sie so auf der Grundlage eigener Erfahrungen zuverlässig einschätzen können (Scherm & Kaufel, 2005). Durch das Zusammentragen aller Einschätzungen soll ein möglichst umfassendes Bild des Verhaltens und der Leistung einer Person gewonnen werden.

Aus Abbildung 25 wird deutlich, dass die Etikettierung mit dem „griffigen und marktnahen“ Begriff 360-Grad-Feedback schwierig wird, wenn jede

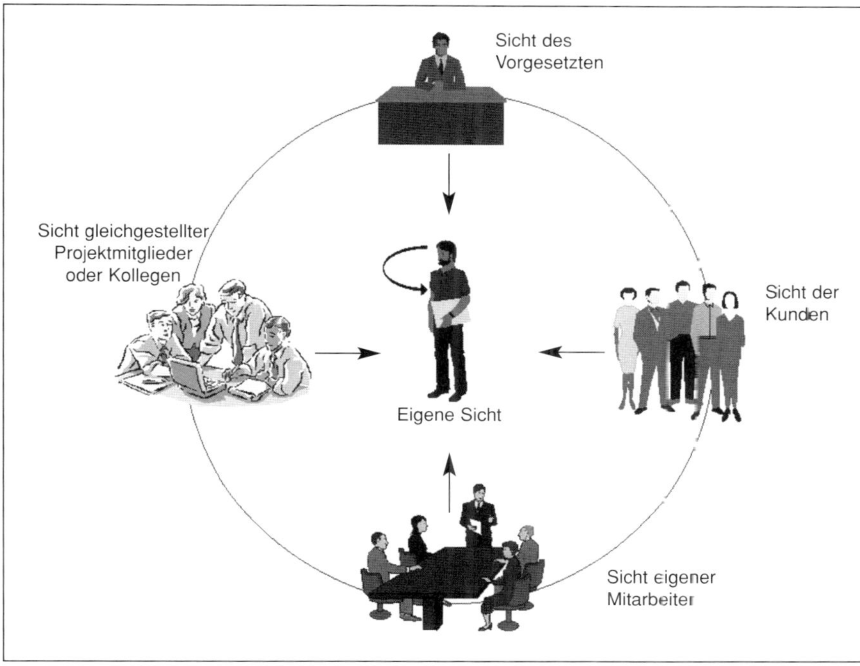

Abbildung 25:
Mögliche Perspektiven beim 360-Grad-Feedback

Perspektivgruppe einen Anteil von jeweils 90 Grad zugewiesen erhält und alle möglichen Urteilergruppen einbezogen werden (Scherm, 2004, S. 62).

Rückmeldungen aus verschiedenen Quellen sind sehr sinnvoll, da vermutet wird, dass übereinstimmende Rückmeldungen, die auf der Einschätzung verschiedener Quellen beruhen, von der beurteilten Person eher akzeptiert werden (Payne, 1998) und damit eine höhere Chance haben, Verhaltensänderungen zu bewirken. Beurteilt werden typischerweise berufliche Kompetenzen der Fokusperson, die durch fähigkeits- und fertigkeitsbezogene Verhaltensweisen in verschiedenen Leistungsbereichen anhand mehrerer Items beschrieben werden. Die Einschätzung erfolgt üblicherweise mittels Fragebogen. Wissen die verschiedenen Beurteiler im Vorhinein, dass die beurteilte Person eine über verschiedene Einschätzungen aggregierte Rückmeldung erhält, so ist bei der Bewertung eine größere Offenheit zu erwarten, als wenn Beurteilungen für einzelne Leistungsbereiche einem Urteiler persönlich zugeordnet werden können (Murphy & Cleveland, 1995). Das gilt natürlich auch, wenn nur eine oder zwei Beurteilergruppen eingesetzt werden. Die Zielperson erhält dann einen Feedbackbericht, in dem die Durchschnittswerte über die Einschätzungen aller Personen einer Perspektivengruppe zum jeweiligen Item zusammengefasst und der eigenen Einschätzung gegenüber gestellt sind. Bei diesem Verfahren muss beachtet werden, dass eine hohe Sensibilität im Umgang mit den Daten und dem Feedback erforderlich ist. Rückmeldungen zur Leistung beziehen sich auf das berufsbezogene Selbstkonzept der beurteilten Person. Negative Einschätzungen, speziell, wenn sie von mehreren Beurteilergruppen übereinstimmend abgegeben wurden, können sich demnach negativ auf das Selbstwertgefühl der beurteilten Person auswirken. Daher muss bei der Form der Übermittlung des Feedbacks entsprechendes Feingefühl aufgewandt werden. Das wird beispielsweise dadurch erreicht, dass die Rückmeldungen verhaltensbezogen und auf keinen Fall eigenschaftsbezogen erfolgen. Auch ist es wichtig, darauf hinzuweisen, in welchen Bereichen das gewünschte Verhalten bereits gut gezeigt wird, um der beurteilten Person so deutlich zu machen, dass sich die Kritik nur auf Teile des Leistungsverhaltens bezieht und man ihr die Verhaltensänderung zutraut. Außerdem sollte das Verfahren durch entsprechende Entwicklungsmaßnahmen flankiert werden, die es der Zielperson erlauben, identifizierte Schwächen in absehbarer Zeit zu verringern. Werden die Beurteilungen für Personalauswahl- oder Vergütungsentscheidungen eingesetzt, ist damit zu rechnen, dass die beurteilte Person selbst hohes Interesse hat, ihr Verhalten umgehend in der gewünschten Richtung zu entwickeln. Bei der Einschätzung des Nutzens von 360-Grad-Feedback darf allerdings nicht vergessen werden, dass der Aufwand der Erhebung deutlich über dem der Verwendung von wenigen Quellen liegt und zusätzlich eine Integration der Urteile erfolgen muss. Außerdem stellt das dazugehörige Feedbackgespräch größere Anforderungen an den Feedbackgeber, der neben seiner eigenen Einschätzung auch die der anderen Urteiler vertreten muss. Für eine ausführliche Darstellung des 360-Grad-Feedbacks sei auf Scherm und Sarges (2002, in dieser Reihe) verwiesen.

4 Die Implementierung eines Leistungsbeurteilungssystems

4.1 Planung und Steuerung der Implementierung

Obgleich die Beurteilung und Förderung beruflicher Leistung im Interesse jeder Unternehmensleitung ist, ist nicht immer ein systematisches Beurteilungsverfahren sinnvoll. Speziell in kleinen Unternehmen, in denen Vergleiche zwischen Personen und Gruppen eine untergeordnete Rolle spielen, kann auf ein formelles System verzichtet werden. Die Entwicklung und Einführung eines Leistungsbeurteilungssystems ist ein komplexer und aufwändiger Prozess, der gut geplant und gesteuert werden muss. Marcus und Schuler (2006) warnen ausdrücklich davor, Konstruktionsschritte auszulassen oder Beurteilungsinstrumente anderer Unternehmen ungeprüft zu übernehmen, um den Aufwand der eigenen Entwicklung zu sparen. Das Risiko von Akzeptanzproblemen ist sehr groß, und der Nutzen des gesamten Systems kann gefährdet werden.

In Anlehnung an Schuler (2004b, S. 21) werden die Entwicklung und Implementierung eines neuen Leistungsbeurteilungssystems in folgenden Schritten vorgeschlagen. Die einzelnen Schritte werden im Verlauf des Kapitels näher beschrieben.

Schritte zur Entwicklung und Implementierung eines Beurteilungssystems

Schritte bei der Implementierung eines neuen Leistungsbeurteilungssystems
0. Vorabklärung
Wer ist Auftraggeber für das Leistungsbeurteilungssystem? Wer muss in die Entwicklung und Implementierung einbezogen werden? Wie wird das neue System kommuniziert?
1. Bestandsaufnahme
Ermittlung der bisher im Unternehmen vorhandenen Ansätze zur Leistungsbeurteilung und der Rahmenbedingungen der Organisation
2. Zielformulierung
Festlegung der Ziele, die durch die systematische Leistungsbeurteilung erreicht werden sollen
3. Nutzen-Kosten-Abwägung
Berechnung oder Schätzung des Nutzens sowie Abschätzung der Wirkungen der Leistungsbeurteilung auf die Menschen im Unternehmen
4. Entwicklung des Beurteilungsinstruments
– Festlegung der Zielgruppen für die Beurteilung auf der Grundlage der Nutzen-Kosten-Abwägung – Arbeitsanalyse: Ermittlung der zentralen Aufgabeninhalte und Anforderungen für die zu beurteilenden Tätigkeiten bzw. Personengruppen – Auswahl und Definition von Beurteilungskriterien – Festlegung der Skalierungsvorschriften: Wahl des Skalierungsverfahrens und Konstruktion der Skalen

5. Festlegung und Schulung der Beurteiler
Die Urteiler für die Probeanwendung werden bzgl. der Ziele, des Aufbaus und der Handhabung des Instruments geschult sowie bzgl. der Urteilsprozesse und der Gesprächsführung (Kapitel 4.7). Nach dem Probelauf (6. Schritt) werden alle Beurteiler geschult.
6. Probeanwendung und Anpassung des Instruments
Das neue Instrument wird möglichst vor dem Einsatz für alle geplanten Zielgruppen an repräsentativen Gruppen getestet. Nach dem Probelauf werden notwendige Anpassungen vorgenommen.

Wer ist Auftraggeber?

Die Unternehmensleitung trifft die Entscheidung, ob ein Leistungsbeurteilungssystem eingeführt wird. Nur wenn auf der obersten Managementebene die Überzeugung vorherrscht, dass eine systematische Leistungsbeurteilung sinnvoll und notwendig ist, um die unternehmerischen Ziele zu erreichen, hat ein solches System Aussicht auf Erfolg. Die Einführung systematischer Leistungsbeurteilung benötigt mindestens einen Sponsor, d. h. Unterstützer, auf höchster Unternehmensebene. Das Personalmanagement kann Empfehlungen zu grundsätzlichen Überlegungen beisteuern, den Nutzen eines solchen Systems aufzeigen und dafür werben sowie später die Ausgestaltung des Systems nach den Vorstellungen der Unternehmensleitung übernehmen. Es übernimmt hier eine Servicefunktion, weil in diesem Unternehmensbereich das größte Know-how bzgl. der Konzipierung vorhanden ist. Die grundsätzliche Entscheidung und Durchsetzung eines Leistungsbeurteilungssystems muss jedoch auf höchster Managementebene getroffen werden. Eine Initiative, die nur vom Human Resources Management ausgeht, wird mit hoher Wahrscheinlichkeit nicht erfolgreich sein, weil die unteren Hierarchieebenen sich am Vorbildverhalten des Top-Managements orientieren. Das heißt, wenn das Top-Management das Beurteilungssystem nicht offensiv vertritt, werden nachgeordnete Führungsebenen und Mitarbeiter auch keinen Grund sehen, das System ernst zu nehmen.

Ein Sponsor ist wichtig

Wer muss am Prozess beteiligt werden?

Der Betriebsrat hat bei der Entwicklung und Einführung von Leistungsbeurteilungen eine starke Position und muss von Beginn an einbezogen werden. Neben der gesetzlichen Verpflichtung zur Beteiligung bietet sie sich auch an, weil damit die Akzeptanz des Systems erhöht werden kann. Nähere Informationen hierzu finden sich in Kapitel 4.10. Zusätzlich ist es sinnvoll, Mitarbeiter auf unterschiedlichen Ebenen und Inhaltsbereichen an den

Beteiligung schafft Akzeptanz

verschiedenen Schritten der Entwicklung des Leistungsbeurteilungssystems zu beteiligen. Auf diese Weise kann nicht nur deren Expertise für ihren Tätigkeitsbereich genutzt werden, um ein gutes System zu entwickeln. Beteiligung und Transparenz in der Vorgehensweise verringern Widerstand gegenüber Neuerungen und fördern deren Akzeptanz.

Wie wird das neue System kommuniziert?

Da die Kommunikation eines neuen Beurteilungssystems entscheidenden Einfluss auf die erfolgreiche Implementierung hat, empfehlen Drewes und Runde (2002) die frühzeitige Erstellung eines Kommunikationsplans, der auch das gesamte Management einbezieht und von oben nach unten umgesetzt wird. Es empfiehlt sich, von Beginn an mit der Abteilung Unternehmenskommunikation zusammenzuarbeiten. Die von den Unternehmensmitgliedern zu erwartenden Reaktionen hängen maßgeblich von der wirtschaftlichen Situation des Unternehmens und der Branche ab. Befindet sich das Unternehmen in einer Krisensituation, werden durch die Implementierung von Leistungsbeurteilungen Befürchtungen wachgerufen, diese könnten genutzt werden, um Entlassungen vorzubereiten und zu begründen.

Es kann nicht zu viel informiert werden

Beachte: Um Befürchtungen der Belegschaft zu verringern und mit der Einführung verbundene Widerstände zu reduzieren, müssen die Führungskräfte selbst vor Information der übrigen Unternehmensmitglieder bereits mit den Grundgedanken des Systems vertraut sein. Sie müssen in der Lage sein, dessen Ziele und Konsequenzen gegenüber der Belegschaft überzeugend zu erläutern und zu vertreten.

Das Management muss überzeugen

Konkret bedeutet das: Vor der ersten Anwendung des Leistungsbeurteilungssystems müssen die Beurteiler und die beurteilten Personen umfassend über die Ziele des Beurteilungssystems, seine Anwendung und deren Vorteile sowie potenzielle Probleme und Umgehensweisen informiert sein. In Übereinstimmung mit den Gepflogenheiten des Unternehmens sollte das in schriftlicher und mündlicher Form geschehen. Wichtig ist, dass unterschiedliche Medien wie Intranet, Firmenzeitschriften und spezielle Informationsveranstaltungen genutzt werden, um alle Unternehmensmitglieder zu erreichen und durch die vielfältige und umfassende Form der Kommunikation die Bedeutung des Themas sowie das Commitment des Managements herauszustellen.

Während der ersten Anwendung ist es besonders wichtig, dass die Mitarbeiter jederzeit Zugang zu Informationen zum System und zum zeitlichen Ablauf haben. Diese sollten in schriftlicher Form, z. B. im Intranet und als zusätzliche Handanweisung zur Verfügung stehen. Außerdem sollten Mitarbeiter des Personalmanagements in der Lage sein, jederzeit Fragen zum System zu beantworten.

4.2 Bestandsaufnahme

Welche Leistungsbeurteilungsverfahren gibt es bisher?

Bisherige Ansätze möglichst integrieren

Bevor ein neues Instrument entwickelt wird, ist es unbedingt notwendig, eine Bestandsaufnahme der bisherigen Verfahren durchzuführen. Eventuell bestehende Beurteilungssysteme könnten in das neue integriert werden. Auf diese Weise kann Widerstand gegenüber einem neuen System reduziert werden. Die Kenntnis bestehender Systeme und ihrer Akzeptanz sowie ihrer Passung zur Unternehmenskultur kann außerdem wertvolle Hinweise für die Gestaltung eines neuen Systems geben. So können gut funktionierende Merkmale und Komponenten aufgegriffen und Fehler vermieden werden.

Was sind unternehmenskulturelle und organisatorische Rahmenbedingungen?

Ein Beurteilungssystem muss zur Unternehmenskultur passen und spezifische Bedingungen des Unternehmens berücksichtigen. Fragen, die in diesem Zusammenhang zu klären sind, richten sich auf folgende Aspekte:

- Wie ist die aktuelle Unternehmenskultur charakterisiert? Gibt es z. B. starke Kontrollsysteme, wie viel Wert wird auf Perfektionismus gelegt, gibt es charismatische Vorbilder, herrschen Initiative und Aktivität verbunden mit Risikobereitschaft vor oder Angst vor Fehlern und ein geringes Ausmaß an Initiative (vgl. hierzu auch Kets de Vries & Miller, 1986)?
- Wie wurden Beurteilungen von Leistungen bisher gehandhabt? Welche Konsequenzen waren daran geknüpft?
- Wie wird mit Feedback umgegangen? Wie offen werden Meinungen geäußert?
- Wird die Einführung eines Leistungsbeurteilungssystems eher als Anreizsystem begrüßt oder als weiteres Kontrollinstrument beargwöhnt werden?

Je größer die Unterschiede zwischen dem geplanten Beurteilungssystem und der Unternehmenskultur sind, desto mehr Aufwand muss eingeplant werden, um für Akzeptanz zu werben. Gegebenenfalls empfiehlt sich eine Einführung in kleinen Schritten, beispielsweise indem zunächst Feedbackgespräche eingeführt werden, die nicht an Konsequenzen geknüpft sind, um eine entsprechende Dialogkultur einzuführen. Erst wenn diese etabliert und akzeptiert ist, wird eine stärkere Systematisierung umgesetzt (vgl. Drewes & Runde, 2002).

Bei der konkreten Ausgestaltung des Beurteilungsinstruments (z. B. bzgl. Umfang, Art der verwendeten Kriterien) müssen die praktischen Gegebenheiten und daraus resultierende Anforderungen berücksichtigt werden, wie die Kontrollspanne, d. h. die Größe der geführten Teams, das Ausmaß an

Kontakt, das Vorgesetzte und Mitarbeiter haben, und das Ausbildungsniveau der beteiligten Personen. Ist die Kontrollspanne sehr groß, darf das Beurteilungssystem nicht zu kompliziert und zeitkonsumierend sein. Gibt es wenig direkten Kontakt zwischen Vorgesetzten und Mitarbeitern, wie beispielsweise bei Fahrern von Speditionen, Außendienstmitarbeitern oder Beratern, die vorwiegend bei Kunden arbeiten, können nur bestimmte Bereiche der Leistung beurteilt werden.

4.3 Entscheidung für Ziele der Leistungsbeurteilung

In Kapitel 3.1 wurden unterschiedliche Funktionen dargestellt, die mit systematischer Leistungsbeurteilung verfolgt werden. Wichtig bei der Einführung eines Systems ist es, die Ziele, die damit erreicht werden sollen, im Vorfeld detailliert festzulegen. Da nicht alle Ziele durch ein System gleich gut abgedeckt und parallel realisiert werden können, muss bereits zu diesem Zeitpunkt eine Priorisierung vorgenommen werden. Geht es in erster Linie darum, mit dem Beurteilungssystem Gehaltsentscheidungen zu rechtfertigen, Platzierungsentscheidungen zu untermauern oder Personalentwicklungsmaßnahmen zu begründen? Soll das System dazu dienen, einen regelmäßigen Dialogprozess zwischen Vorgesetzten und Mitarbeitern zu etablieren, der als Voraussetzung für eine hohe Effizienz des Gesamtsystems gesehen wird, oder geht es darum, durch einheitliche Maßstäbe ein verlässliches Bild des vorhandenen Personals zu erhalten, um die optimale Nutzung der Ressource Personal auf Unternehmensebene zu unterstützen und schnelle Wechsel zwischen Unternehmenseinheiten zu erlauben?

Wird dieser Prozessschritt der Festlegung der Ziele nicht bewusst und unter Beschränkung auf wenige Ziele vollzogen, ist das Risiko groß, dass das spätere Leistungsbeurteilungssystem den Zweck nicht in gewünschtem Maß erfüllt oder ihm sogar entgegensteht. In diesem Fall ist nicht damit zu rechnen, dass das System von Mitarbeitern und Führungskräften akzeptiert wird.

So wäre eine aus Sicht der Unternehmensleitung fatale Entwicklung, wenn das System beispielsweise Führungskräften einseitig die Möglichkeit bietet, Macht auszuüben und das hierarchische Gefälle zu nutzen, um ihre Position gegenüber Mitarbeitern zu sichern, anstatt als transparentes und einheitliches Führungsinstrument dafür zu sorgen, dass allen Mitarbeitern eine gleiche und gerechte Behandlung zuteil wird.

Wichtig ist also, dass Sie sich bewusst sind, dass die Ziele des Systems und seine Rahmenbedingungen auf die Informationsverarbeitung während der Leistungsbeurteilung und die Handhabung des Instruments wirken und dass diese durch die Motive von beurteilenden und beurteilten Personen beeinflusst werden.

Klare Entscheidungen treffen

Regeln für die Einführung eines neuen Leistungsbeurteilungssystems
– Beschränken Sie sich auf möglichst wenige Ziele – Formulieren Sie diese Ziele deutlich – Sehen Sie eine zeitliche Trennung zwischen Beurteilungs- und Entwicklungsgespräch vor – Verwenden Sie unterschiedliche Instrumente für beide Gespräche, um dem jeweils speziellen Fokus gerecht zu werden • Beurteilungsgespräch: eher globalere Betrachtung der Leistung als Entscheidungsgrundlage für die Gehaltsanpassung • Entwicklungsgespräch: stärker differenzierte Betrachtung der Leistung zur Festlegung der nächsten Karriereschritte und des notwendigen Entwicklungsbedarfs – Beachten Sie, dass diese praktikable Vorgehensweise natürlich mit einem hohen zeitlichen Aufwand für die beurteilenden Personen bzgl. Planung und Durchführung der Personalgespräche verbunden ist.

Werden mehrere und sich sogar widersprechende Ziele mit einem System verfolgt, ist damit zu rechnen, dass bestimmte Funktionen andere überlagern. Werden beispielsweise die Gehaltsregulierungsfunktion und die Personalentwicklungsfunktion gleichzeitig realisiert, ist damit zu rechnen, dass sich die erstgenannte stärker auswirkt. Das liegt zum einen daran, dass der Beurteiler bei einer Überschreitung seines Budgets zur Gehaltsanpassung eher zur Rechenschaft gezogen wird, als wenn er einem Mitarbeiter eine sinnvolle Trainingsmaßnahme (nicht) zukommen lässt. Der Mitarbeiter wird voraussichtlich ebenfalls der Gehaltsregulierungsfunktion mehr Gewicht beimessen, weil das Gehalt stärker als Maßstab für die Wertschätzung der Leistung gilt als Personalentwicklungsmaßnahmen und weil die Sicherung seines Lebensstandards unmittelbar von der Entlohnung abhängt und (zumindest kurzfristig) nicht von seiner Weiterbildung.

Schuler und Marcus (2004) weisen darauf hin, dass Beurteilungssysteme nicht zu komplex sein dürfen. Wird ihre Handhabung als zu umständlich und zeitaufwändig empfunden, wirkt sich das negativ auf die Akzeptanz des Systems aus. An generellen Anforderungen an ein Beurteilungsverfahren nennt Schuler (vgl. 2004c, S. 20) folgende:

Es sollte
- tätigkeitsbezogen sein
- leistungsbezogene Aspekte erfassen
- Zielsetzungen begünstigen
- Prognosen ermöglichen
- Feedback erleichtern

– verhaltenssteuernd wirken
– zwischen Personen bzw. Gruppen unterscheiden
– zwischen Merkmalen differenzieren
– richtige Ursachenbeschreibungen nahe legen
– Urteilstendenzen wie Milde, Strenge etc. vermeiden
– vergleichbare Urteile liefern
– eindeutig verständlich sein
– transparent und informativ sein
– zweckentsprechend sein
– vielseitig verwendbar sein
– kompatibel zu anderen personalpolitischen Instrumenten sein
– ökonomisch sein.

4.4 Nutzen- und Kosten-Abwägung

Im Anschluss an die Formulierung der Ziele des Beurteilungssystems sollte eine Abwägung des erwarteten Nutzens und der Kosten stattfinden. Dabei sollte beachtet werden, wie sich die Einführung des geplanten Systems auf die betroffenen Menschen hinsichtlich Klima, Akzeptanz und Vertrauen auswirkt. Nach Abwägung aller damit in Verbindung stehenden Faktoren sollte entschieden werden, ob sich die Einführung eines systematischen Leistungsbeurteilungssystems im konkreten Fall des jeweiligen Unternehmens lohnt. Hierzu gehört auch die Festlegung der Zielgruppen, auf die das Beurteilungssystem angewendet werden soll. An anderer Stelle wurde bereits darauf hingewiesen, dass Leistungssteigerungen aufgrund von Leistungsbeurteilungen und deren Feedback erreicht werden können. Der Nutzen für das aktuelle Unternehmen muss allerdings auf der Grundlage der jeweiligen Situation ermittelt werden.

Vorteile von Instrumenten zur Leistungsbeurteilung

Drewes und Runde (2002) nennen qualitative ökonomische Argumente, die für ein Leistungsbeurteilungsinstrument sprechen und die von Vertretern des Personalmanagements gegenüber der Unternehmensleitung genutzt werden sollten:

Nutzenargumente

1. Durch die Anwendung systematischer Leistungsbeurteilungen können beträchtliche Leistungssteigerungen dadurch erreicht werden, dass
   – die Mitarbeiter durch die Bewertung genau erfahren, welche Erwartungen an sie gestellt werden. Sie können ihr Verhalten dann daran ausrichten
   – Mängel in der Arbeitsausführung ermittelt werden, die dann konsequent behoben werden können
   – ein standardisierter Prozess der Zielvereinbarung und am Zielerreichungsgrad orientierter Leistungsbeurteilung zu verbesserter Ziel-

erreichung führt, weil das Verhalten auf die vorgegeben Prioritäten ausgerichtet wird
2. Leistungsbeurteilungssysteme ermöglichen die genaue Kenntnis der im Unternehmen vorhandenen Kompetenzen. Dadurch kann das Leistungspotenzial besser genutzt werden, und teure Rekrutierungsmaßnahmen (z. B. für Managementpositionen) können vermieden werden.
3. Durch systematisch gesteuerte Entwicklungsmöglichkeiten innerhalb des Unternehmens infolge regelmäßiger Leistungsbeurteilung können die Fluktuationsrate gesenkt und dadurch die Rekrutierungskosten verringert werden.

Dem Nutzen stehen natürlich Kosten für die Entwicklung, Implementierung und dauerhafte Anwendung von Leistungsbeurteilungssystemen gegenüber. Faktoren, die bei der Berechnung berücksichtigt werden sollten, sind in Tabelle 12 aufgeführt.

Tabelle 12:
Bei der Kostenschätzung zu berücksichtigende Faktoren im Überblick

Kosten	Anfall der Kosten	Zu berücksichtigende Faktoren	Berechnung
Personentage für die Entwicklung und Einführung des Systems	Einmalig Später entstehen nur noch Kosten für die Anpassung des Systems	Höhe der Kosten hängt davon ab, ob die Mitarbeiter die Aufgaben im Rahmen ihrer regulären Arbeitszeit erledigen können oder ob dafür andere Aufgaben nicht mehr erledigt werden oder zusätzliches Personal benötigt wird	Tage × Personen × Tagessatz
Kosten für die Schulung der Beurteiler	Überwiegend bei der Einführung, anschließend werden nur noch neue Führungskräfte geschult	Entwicklung des Schulungskonzepts Trainer Entgangene Arbeitszeit der Teilnehmer	Tage × Personen × Tagessatz
Kosten für die Durchführung	Kontinuierlich	Entgangene Arbeitszeit der Urteiler und Beurteilten	Tage × Personen × Tagessatz
Administration des Systems durch das Personalmanagement	Kontinuierlich	Arbeitszeit, sofern dafür andere Aufgaben nicht erledigt werden	Tage × Personen × Tagessatz

Als groben Anhaltspunkt für die Aufwandsschätzung für die Entwicklung und Implementierung eines Leistungsbeurteilungssystems sind im folgenden Kasten die einzelnen Schritte durch geschätzte Personentage ergänzt. Dabei wurde von einem mittelständischen Unternehmen ausgegangen. Diese Angaben müssen natürlich auf das jeweilige Unternehmen angepasst werden. Sie beziehen sich ausschließlich auf die Aufwände der Mitarbeiter des Personalmanagements. Der Aufwand für die jeweils beteiligten anderen Unternehmensmitglieder (z. B. für das Beurteilertraining) muss separat berechnet werden.

Bearbeitungsschritt für die Entwicklung und Einführung eines Leistungsbeurteilungsinstruments	**Geschätzte Personentage**
Einlesen in die Thematik der Leistungsbeurteilung	2
Bestandsaufnahme – Wenn es bisher keine Ansätze gibt, das lediglich abklären – Wenn es Ansätze gibt, mit den Verantwortlichen sprechen, um Inhalt, Umfang, wahrgenommenen Nutzen zu erfahren (je Ansatz) – Erfassung der Rahmenbedingungen (Unternehmenskultur, Klima für Beurteilung, Arten von Tätigkeiten)	 1 Je 1 2
Abstimmungsgespräche mit der Geschäftsleitung – Präsentation der Thematik und Entscheidung für Ziele – Regelmäßige Gespräche mit Sponsoren – Regelmäßiges Feedback über Stand der Entwicklung und Implementierung	 1 2 2
Besprechungen mit der Arbeitnehmervertretung – Keine vorhanden – Je besser die Arbeitnehmervertretung in die Konstruktionsschritte einbezogen ist, desto weniger zusätzliche Zeit ist für Abstimmungen notwendig. Ansonsten ist der Aufwand für die Abstimmung abhängig von der Ähnlichkeit der Interessenlagen und dem Klima der Zusammenarbeit zwischen Arbeitnehmervertretung und Geschäftsleitung	 0 3–8
Kosten-Abwägung: Schätzung aller Arbeiten für die Entwicklung und Implementierung des Systems	0,5

Bearbeitungsschritt für die Entwicklung und Einführung eines Leistungsbeurteilungsinstruments	Geschätzte Personentage
Entwicklung des Beurteilungsinstruments	
– Festlegung der Zielgruppen	1
– Für den Fall kriteriumsorientierter Verfahren	
• Arbeitsanalysen für die relevanten Tätigkeitsgruppen (je Gruppe) z. B. durch Job-Experten-Interviews oder Job-Experten-Workshops	Je 1–3
• Auswahl und Definition von Beurteilungskriterien (je Tätigkeitsgruppe)	Je 2
• Entwicklung der Urteilsskala	1
• Beschreibung des Beurteilungsprozesses	1
– Für den Fall zielorientierter Verfahren	
• Formulierung von Kriterien für Ziele	1
• Beschreibung des Beurteilungsprozesses	1
Probeanwendung und Anpassung	
– Auswahl repräsentativer Gruppen und Information der betroffenen Personen	1
– Erarbeitung eines Schulungskonzepts	2
– Schulung der Beurteiler	0,5
– Durchführung der Beurteilungen durch Beurteiler (innerhalb von 1 bis 2 Wochen), Vertreter des Personalmanagements sollten an ein paar Gesprächen teilnehmen, je nach Standort	0,5–2
– Feedback zur Probeanwendung einholen	1
– Umsetzung der notwendigen Anpassungen	1–2
Implementierung	
– Abstimmung mit der Abteilung Unternehmenskommunikation	1
– Gestaltung von Informationsmaterial	3
– Durchführung von allgemeinen Informationsveranstaltungen und Veröffentlichung von Informationen über Medien	2
– Auswahl der Beurteiler	0,5
– Anpassung des Schulungskonzepts an Feedback aus dem Probelauf	0,5
– Schulung der Beurteiler (Gruppen à 8–10 Personen)	Je 0,5
– Erstellung der Beurteilungsmaterialien	2

Bearbeitungsschritt für die Entwicklung und Einführung eines Leistungsbeurteilungsinstruments	Geschätzte Personentage
Durchführung der ersten Beurteilung	
– Spezifische Information zu aktueller Beurteilung an alle Unternehmensmitglieder	1
– Ggf. Erstellung und Versendung der Beurteilungsunterlagen in Papierform	1–2
– Alternativ: Bereitstellung aller Unterlagen im Intranet	0,5
– Kontrolle des Rücklaufs der Beurteilungsunterlagen	1
– Umsetzung der vereinbarten Maßnahmen (je 100 Mitarbeiter)	Je 3–5
– Dokumentation und Datenspeicherung (je 100 Mitarbeiter)	Je 0,5
Summe	**35–100**

4.5 Entwicklung des Beurteilungsinstruments

4.5.1 Festlegung der Zielgruppen für die Beurteilung

Auf der Grundlage der Ergebnisse der Nutzen-Kosten-Abwägung wird entschieden, für welche Zielgruppen das Leistungsbeurteilungssystem genutzt werden soll. Gegebenenfalls ist es bei diesem Schritt sinnvoll, Jobfamilien zu bilden bzw. zu benennen, um den nachfolgenden Schritt der Arbeits- und Anforderungsanalyse durchzuführen. Das hat den weiteren Vorteil, dass nicht zu viele unterschiedliche Leistungskriterien über alle Zielgruppen hinweg entwickelt werden und so eine größere Vergleichbarkeit über Tätigkeiten hinweg erreicht wird. Der Wunsch, den Aufwand so gering wie möglich zu halten, sollte allerdings nicht dazu verleiten, zu stark zusammenzufassen, da ansonsten der Anforderungsbezug zu gering bzw. zu abstrakt ist und die Ziele der Leistungsbeurteilung nicht mehr angemessen erreicht werden können.

Bildung von Jobfamilien in Erwägung ziehen

4.5.2 Analyse der zu bewertenden Tätigkeiten

Für die jeweiligen Zielgruppen des Beurteilungssystems werden die tätigkeitsspezifischen Anforderungen ermittelt. Da sich Tätigkeiten immer rascher verändern und sich Bündelungen von Aufgaben zu einer bestimmten Stelle lockern, ist es außerdem notwendig, tätigkeitsübergreifende Anforderungen zu spezifizieren, die sich auf das Berufsfeld, die Organisation und den Karriereweg beziehen (Schuler, 2006). Die methodische Grundlage hierfür bieten Verfahren der Arbeits- und Anforderungsanalyse. Schuler empfiehlt außerdem die Berücksichtigung des Befriedigungspotenzials einer Tätigkeit, um psychisches Wohlbefinden und den Verbleib der Mitarbeiter in der Organisation zu gewährleisten.

Beachte: Unter den verschiedenen Methoden der Arbeits- und Anforderungsanalyse zum Zweck der Leistungsbeurteilung ist die arbeitsplatzanalytisch-empirische Methode die am besten geeignete. Bei ihr werden die Tätigkeiten mittels strukturierter und formalisierter Vorgehensweisen an konkreten Arbeitsplätzen ermittelt.

Es wird eine Vielzahl unterschiedlicher Verfahren angeboten (für einen Überblick siehe Sonntag, 2006, Schüpbach und Zölch, 2004, sowie Ulich, 2005). Die Darstellung im Rahmen dieses Buches beschränkt sich aus Kapazitätsgründen auf die Beschreibung wesentlicher Prinzipien und eines Verfahrens.

Bei der arbeitsplatzanalytisch-empirischen Methode werden Informationen zur Tätigkeit von sachkundigen Personen gesammelt und zu Listen von Kenntnissen, Fertigkeiten, Fähigkeiten und weiteren Anforderungen zusammengestellt. Sachkundige Personen sind Stelleninhaber mit langjähriger Erfahrung, Jobexperten und Arbeitsanalytiker. Als Quelle für arbeitsanalytische Informationen „kommt grundsätzlich alles in Frage, was Aufschluss über Art, Bedingungen und Konsequenzen der Tätigkeit sowie der daraus abzuleitenden Anforderungen und Leistungskriterien bieten kann" (Schuler, 2006, S. 51).

Wesentliche Analysemethoden (vgl. Schuler, 2006)

- Beobachtung bei der Tätigkeitsausführung
- Mündliche Befragung von Stelleninhabern
- Schriftliche Befragung
- Beschäftigung mit dem Arbeitsmaterial
- Auswertung schriftlichen Materials (z. B. Stellenbeschreibung, Schriftverkehr)
- Arbeitsausführung durch Arbeitsanalytiker
- Elektronische Verhaltens- und Ergebniserfassung

Bei der Analyse der Tätigkeiten und Anforderungen werden drei Ebenen der Beschreibung unterschieden. Diese Beschreibungsebenen entsprechen den drei Bezugspunkten für Leistungskriterien (Eigenschaften, Verhalten, Ergebnisse), die in Kapitel 3.2.2 dargestellt wurden, und können direkt aufeinander bezogen werden. Sie sind in Tabelle 13 aufgeführt.

Tabelle 13:
Gegenüberstellung der Beschreibungsebenen bei der Arbeits- und Anforderungsanalyse und der Bezugspunkte für Leistungskriterien (aus Schuler, 2006, S. 52)

Ebenen der Arbeits- und Anforderungsanalyse	Leistungskriterien
Aufgaben-, Ergebnis- und Qualifikationsanforderungen	Ergebniskriterien, Qualitätskriterien, Standards, Zielerfüllungsgrad
Verhaltensanforderungen wie z. B. Fertigkeiten, Gewohnheiten, Handlungsregulation	Verhaltenskriterien
Eigenschaftsanforderungen wie z. B. Fähigkeiten, Temperamentsmerkmale und Interessen	Eigenschaftskriterien

Beschreibungsebenen bei der Analyse entsprechen Bezugspunkten für Kriterien

Es ist empfehlenswert, bei den späteren Leistungskriterien die mit der Arbeits- und Anforderungsanalyse korrespondierenden Ebenen zu verwenden, d. h. wenn in der Analyse Verhaltensanforderungen spezifiziert wurden, so sollten daraus Verhaltenskriterien für die spätere Leistungsbeurteilung abgeleitet werden usw. Die drei Ebenen der Analyse können alternativ eingesetzt werden. In den meisten Fällen bietet sich allerdings die kombinierte Anwendung an.

- *Analyse auf der Aufgabenebene*
Zur Analyse auf der Aufgabenebene gehört die Erstellung von Aufgabeninventaren, d. h. Tätigkeiten werden nach ihrer Bedeutung für die Aufgabe, ihrer Häufigkeit und der Schwierigkeit gelistet. Der Detaillierungsgrad hängt vom Zweck der Leistungsbeurteilung ab. Für überwiegend administrative Entscheidungen reicht eine geringere Detaillierung aus, als sie für Trainings- und Personalentwicklungszwecke sinnvoll ist.

- *Analyse auf der Verhaltensebene*
Diese Analyseverfahren werden aufgrund ihrer breiten Einsatzmöglichkeiten häufig angewendet. Ein sehr verbreitetes Verfahren ist die Critical Incident Technique (CIT, Flanagan, 1954), im Deutschen „Methode der kritischen Ereignisse“ genannt. Anhand weniger Fragen (Beispiele finden sich im Kasten) werden Bedingungen erfasst, die für die erfolgreiche Ausübung der Tätigkeit besonders relevant sind.

Critical Incident Technique

Verfahren der Arbeits- und Anforderungsanalyse, bei dem Experten für die Tätigkeit zu ihren Einschätzungen befragt werden. Die Befragung erfolgt beispielsweise anhand folgender Items:
– Welche Verhaltensweisen sind besonders effektiv bzw. ineffektiv?
– Wie kann das jeweilige Verhalten genau beschrieben werden mit Umständen und Konsequenzen?

Die Beschreibungen der Experten bilden die Grundlage für die Auswahl von Leistungskriterien z. B. durch Expertenkonsens. Auf diese Weise werden nicht alle tätigkeitsbezogenen Verhaltensweisen berücksichtigt. Aber es wird sicher gestellt, dass die sog. erfolgskritischen Verhaltensweisen erfasst werden, d. h. solche, die dafür entscheidend sind, ob jemand die Tätigkeit erfolgreich ausführt oder nicht.

Ein weiteres bekanntes Verfahren dieser Gruppe ist der Fragebogen zur Arbeitsanalyse (abgekürzt FAA) von Frieling und Hoyos (1978; basierend auf dem Position Analysis Questionnaire, PAQ). Es werden Beobachtungsinterviews anhand eines Fragebogens mit ca. 200 Items durchgeführt, in denen die einzelnen Tätigkeiten nach Häufigkeit, Wichtigkeit und zeitlichem Umfang bewertet werden. Die Bewertungsbereiche sind in Anlehnung an Schüpbach und Zölch (2004) aufgelistet.

Bewertungsbereiche des Fragebogens zur Arbeitsanalyse (FAA)

- Informationsaufnahme (Wahrnehmung)
- Arbeitsausführung (Arbeitsmittel, Bedienelemente, manuelle Tätigkeiten)
- Arbeitsoutput
- Beziehungen zu anderen Personen
- Arbeitsumgebung (Umgebungseinflüsse und besondere Arbeitsbedingungen)
- Andere Merkmale der Arbeit

• *Analyse auf der Eigenschaftsebene*

Eine Möglichkeit des Vorgehens besteht darin, auf der Grundlage des Fragebogens zur Arbeitsanalyse eigenschaftsbezogene Anforderungsprofile abzuleiten. Für eine nähere Beschreibung dieses relativ umfangreichen Verfahrens wird auf Schuler (2006) verwiesen. Alternativ dazu kann der im englischen Sprachraum weit verbreitete Fleishman-Job-Analysis-Survey (F-JAS, Fleishman & Reilly, 1992) verwendet werden. Das Verfahren ist auf sehr unterschiedliche Tätigkeiten anwendbar und berücksichtigt neben kognitiven, psychomotorischen, physischen und sensorischen auch interaktive bzw. soziale Fähigkeiten.

Vorgehensbeispiel

Im Folgenden finden Sie ein Vorgehensbeispiel bei der Arbeits- und Anforderungsanalyse, bei dem die verschiedenen Analyseebenen kombiniert angewendet werden (in Anlehnung an Schuler, 2006):

Sammlung der Aufgaben und Anforderung
– Auswertung schriftlicher Materialien – Leitfadengesteuertes Interview mit Jobexperten (z. B. geübte Arbeitsplatzinhaber) – Sammlung erfolgskritischer Ereignisse nach Critical Incident Technique (z. B. in Experten-Workshops) Ergebnis der Datenerhebung: verschiedene Sammlungen von Aufgaben und Verhaltensweisen
Datenanalyse, -integration und Überprüfung
– Auswertung der erhobenen Daten und Zusammenstellung der Aufgaben und Anforderungen (1. Version) – Inhaltliche Überarbeitung der ersten Version, Strukturierung nach zusammengehörigen Inhalten und Reduktion bzw. Zusammenfassung bei Redundanzen durch Jobexperten und Auftraggeber – Faktorenanalyse zur Ermittlung der Aufgabenbereiche Ergebnis der Datenanalyse und -integration: strukturierte und reduzierte Liste der Aufgaben und Anforderungen
Gewichtung der Aufgaben und Anforderungen
– Einschätzung der Aufgaben und Anforderungen nach Wichtigkeit, Schwierigkeit und zeitlichem Umfang – Zusammenstellung der Endversion der Aufgaben und Anforderungen Ergebnis der Gewichtung: Endversion der nach Bedeutung gewichteten Aufgaben und Anforderungen für die Tätigkeit/die Jobfamilie

Das Ergebnis der Arbeits- und Anforderungsanalyse bildet die Grundlage für die Auswahl bzw. Entwicklung der Kriterien für die Leistungsbeurteilung.

4.5.3 Auswahl und Definition der Beurteilungskriterien

Die Festlegung der Bewertungskriterien sollte sich nach den strategischen Zielen der Unternehmensleitung richten. Gerade bei der Einführung eines neuen Systems kann über die verwendeten Kriterien zur Leistungsbewertung eine Umsteuerung des bisherigen Fokus auf neue Erfordernisse erreicht werden. Das gelingt natürlich umso besser, je klarer und konkreter die Unternehmensstrategie und daraus abgeleitet die Ziele der Leistungsbeurteilung formuliert sind. Diese Möglichkeit soll am folgenden Beispiel illustriert werden. In den Boom-Jahren der IT-Beratungsbranche bis Ende des letzten Jahrhunderts war eine erfolgreiche Führungskraft durch hohe Mitarbeiterorientierung gekennzeichnet. Ihre Aufgabe war es, eine enge Bindung zu Mitarbeitern (in der großen Mehrzahl IT-Spezialisten) aufzubauen und durch ihre Betreuung dafür zu sorgen, dass sie sich im Unternehmen wohl fühlten und es nicht verließen. Diese Anforderung spiegelte sich im Leistungsbeurteilungssystem wider. Beispielitems, die die Mitarbeiterorientierung abfragen, sind im nachfolgenden Kasten aufgeführt. Nachdem Anfang des 21. Jahrhunderts die mageren Jahre der IT-Branche begannen, war plötzlich der Fokus auf Aufgaben- anstatt Mitarbeiterorientierung gefragt. Mitarbeiter sollten angehalten werden, möglichst effizient zu arbeiten und ein Maximum ihrer Zeit im (vergüteten) Einsatz bei Kunden verbringen. Weiterbildung rückte deutlich in den Hintergrund. Zusätzlich sollten IT-Manager Vertriebskompetenzen besitzen, die bis dato eine völlig untergeordnete Rolle spielten. Anstatt sich bei Kunden „Aufträge abzuholen" wie in der Vergangenheit, musste nunmehr um Aufträge gekämpft werden. Ein solcher Wandel in den Anforderungen muss sich auch im Beurteilungsinstrument ausdrücken. Beispielitems für die Beurteilung aufgabenorientierten Verhaltens können dem Kasten entnommen werden.

Mitarbeiterorientierung versus Aufgabenorientierung

Beispielaussagen
... zur Bewertung mitarbeiterorientierten Verhaltens
– Fragt die Mitarbeiter, ob sie sich wohl fühlen – Berücksichtigt die Wünsche der Mitarbeiter bei der Arbeitsverteilung – Hat ein offenes Ohr für die Probleme der Mitarbeiter
... zur Bewertung aufgabenorientierten Verhaltens
– Strukturiert die Aufgaben klar – Kontrolliert die Leistungen seiner Mitarbeiter – Gibt eine eindeutige Strategie für seinen Bereich vor

Die alternative Herangehensweise zur Orientierung an den aktuellen Unternehmenszielen bei der Festlegung der Leistungskriterien besteht in der Fortschreibung der bisherigen Anforderungen an die erfolgreiche Erfüllung der Aufgaben einer Position, wie sie der Stellenbeschreibung entnommen werden können, sofern eine vorhanden ist.

Im nächsten Schritt wird dann entschieden, mit welcher Form des Beurteilungsverfahren (siehe Kapitel 3.3) die Leistungsbeurteilungen erfolgen sollen und welche Skalierungsvorschriften ggf. vorgenommen werden müssen.

4.5.4 Festlegung der Skalierungsvorschriften

Die Art der Skalierung richtet sich nach der Zielsetzung des Beurteilungsverfahrens und den Beurteilungskriterien. Speziell bei der kriterienbezogenen Leistungsbeurteilung muss im Anschluss an die Wahl der Leistungskriterien die Festlegung der Skalierungsvorschriften vorgenommen werden. Sie bezieht sich auf folgende Aspekte (vgl. Kapitel 3.3.2):

Tipps zur Gestaltung von Urteilsskalen

1. *Festlegung der Art der Skalen:* Sollen z. B. Einfache Urteilsskalen, verhaltensverankerte Skalen oder Aussagenlisten mit Wahlzwang etc. verwendet werden.
2. *Festlegung der Anzahl der Abstufungen:* die Anzahl der Stufen sollte nicht zu gering sein, um Differenzierung zu ermöglichen, und nicht zu hoch, um die Unterscheidungsfähigkeit noch zu gewährleisten. Die Anzahl von fünf bis sieben Stufen hat sich als praktikabel erwiesen. Für Personalentwicklungszwecke ist eine größere Anzahl der Abstufungen sinnvoll als für Zwecke der Gehaltsfestlegung. Zu diesem Bearbeitungsschritt gehört auch die Entscheidung für eine gerade bzw. ungerade Anzahl der Stufen, d. h. die Frage, ob eine mittlere Einschätzung zulässig sein soll oder ob zumindest eine tendenzielle Aussage zu eher guter oder schlechter Leistung gefordert wird.
3. *Beschreibung der Skalen:* Sie sollte mindestens an ihren Endpolen, möglichst jedoch auf jeder Skalenstufe erfolgen. Je eindeutiger diese Beschreibungen sind, desto weniger Missverständnisse sind zu erwarten und desto eher sind Urteile zwischen Personen (Urteilern wie Beurteilten) vergleichbar.

Das einheitliche Verständnis der Skalen muss vor ihrer Anwendung überprüft und gegebenenfalls durch Anpassung der Skalen verbessert werden.

4.6 Festlegung und Schulung der Beurteiler

Auswahl der Urteiler

Die Wahl der beurteilenden Personen ist immer mit der Zielsetzung verbunden, die mit der Leistungsbeurteilung verfolgt wird. Die in Kapitel 3.5 beschriebenen Beurteilergruppen zeichnen sich dadurch aus, dass sie jeweils unterschiedliche Leistungsbereiche besonders gut einschätzen können. Dabei muss natürlich bedacht werden, welcher zeitliche Aufwand mit der Erhebung der Einschätzungen verbunden ist, wie die Einschätzung sinnvollerweise rückgemeldet werden kann und ob mit Akzeptanz der Einschätzungen zu rechnen ist, d. h. welche Konsequenzen sich bezüglich der Beziehungen zwischen beurteilten und beurteilenden Personen ergeben können. Die einfachste und nach wie vor häufigste Vorgehensweise besteht darin, dass die unmittelbar vorgesetzte Person ihre Mitarbeiter beurteilt und die Einschätzung rückmeldet.

Schulung der Beurteiler

Vor Einsatz eines neuen Beurteilungsverfahrens müssen die künftigen Beurteiler auf die Anwendung vorbereitet werden. Dafür ist es nicht ausreichend, sie über das System zu informieren. Um eine gute Anwendung und die Akzeptanz durch die Beurteilten zu fördern, sollten die Beurteiler in Workshops oder Trainings geschult werden. Ein Training sollte möglichst folgende Aspekte abdecken (vgl. Drewes & Runde, 2002, S. 143).

Trainingsinhalte

Inhalte einer Beurteilerschulung
– Informationen über die Entwicklung des Beurteilungsinstrumentes, speziell der Urteilskriterien – Erläuterung der einzelnen Bestandteile des Beurteilungssystems – Erläuterung der Beurteilungskriterien – Information über den Bewertungsprozess und Urteilsverzerrungen, d. h. wie sie auftreten und wie sie reduziert werden können – Information über die Konsequenzen der Beurteilung – Training der individuellen Fertigkeiten der Wahrnehmung, Eindrucksbildung und Beurteilung – Training kommunikativer Fähigkeiten in Bezug auf die Übermittlung der Leistungseinschätzung – Sensibilisierung für die eigene Rolle im Beurteilungsverfahren

Handbuch

Zusätzlich sollte ein Benutzerhandbuch erstellt werden, in dem die Anwendung nochmals detailliert beschrieben ist. Das Handbuch sollte auf jeden Fall Verhaltensbeispiele für unterschiedliche Leistungsstandards enthalten, an denen sich Beurteiler orientieren und ihr Verständnis des Beurteilungssystems prüfen können.

In vielen Unternehmen wird eine derart umfassende Vorbereitung als zu zeit- und damit kostenintensiv wahrgenommen werden. In diesen Fällen wird am ehesten auf die beiden Punkte zum Training, d. h. zusammengefasst auf das aktive Einüben der beurteilungsrelevanten Kompetenzen, verzichtet, und das Benutzerhandbuch wird als knappe Handanweisung verfasst.

4.7 Das Mitarbeitergespräch zur Leistungsbeurteilung

Das Mitarbeitergespräch ist eine wesentliche Komponente der Leistungsbeurteilung

Das Mitarbeitergespräch ist eine zentrale Komponente des Beurteilungssystems und daher auch ein wesentlicher Bestandteil des Beurteilertrainings. Es dient dazu, die Leistungseinschätzung rückzumelden. Das heißt, durch dieses Gespräch erfährt der Mitarbeiter, wie er wahrgenommen wird und welche Konsequenzen die Einschätzung für ihn hat. Es bildet auch die Grundlage für den Austausch von Mitarbeiter und Vorgesetzten über die Bewertung. Aus diesem Grund wird es im Folgenden ausführlich behandelt.

4.7.1 Ziele und Nutzen des Mitarbeitergesprächs

Nach § 82 Abs. 2 des Betriebsverfassungsgesetzes haben Mitarbeiter das Recht auf Einsicht in ihre Beurteilung und auf deren Erläuterung. Dem wird dadurch Rechnung getragen, dass in den meisten Unternehmen das Beurteilungsgespräch üblicher Bestandteil des Beurteilungsprozesses ist und seinen Abschluss bildet (Muck & Schuler, 2004). Aus Sicht von Vorgesetzten und Mitarbeitern können durch dieses Gespräch mehrere Ziele erreicht werden.

Nutzen von Mitarbeitergesprächen
Nutzen des Gesprächs aus Sicht des Vorgesetzten
– Die Klärung von Anforderungen und Erwartungen an Mitarbeiter fördert die zielorientierte Aufgabenerledigung – Wertschätzung für erbrachte Leistungen und Zutrauen in zukünftige Leistungsfähigkeit ausdrücken, um Motivation und Zufriedenheit des Mitarbeiters zu steigern – Verhalten von Mitarbeitern auf die Ziele der Unternehmensleitung hin ausrichten und zu Leistung motivieren – Bisherige Leistungen des Mitarbeiters erhalten bzw. weiter steigern – Ökonomische Ergebnisse für das Unternehmen erzielen
Nutzen des Gesprächs aus Sicht des Mitarbeiters
– Feedback zu eigenem Verhalten und Ergebnissen erhalten, um zu lernen und die Selbsteinschätzung zu verbessern – Eigene Sichtweise der Situation darstellen können – Wertschätzung für Leistungen erhalten – Rahmenbedingungen und Voraussetzungen der Leistungserbringung klären – Berufliche Entwicklungsmöglichkeiten klären – Erhöhung des Entgelts erzielen

Wichtig ist dabei, die Ziele der Unternehmensleitung, vertreten durch den Vorgesetzten, und die persönlichen Ziele des Mitarbeiters miteinander in Einklang zu bringen, so dass beide Beteiligten zufrieden sind. Fletcher (2002) weist darauf hin, dass Vorgesetzte häufig eine eher ambivalente Haltung gegenüber ihrer Pflicht haben, Beurteilungsgespräche durchzuführen, und nach Möglichkeit darauf verzichten, weil sie eher negative als positive Konsequenzen erwarten. Allerdings bieten Beurteilungsgespräche Vorgesetzen neben Vorteilen, die sich aus der Gelegenheit zum direkten, persönlichen Kontakt mit dem Mitarbeiter ergeben, auch andere Vorteile. Zum Beispiel kann sich die Führungskraft auch gegenüber Dritten als fürsorglich präsentieren und ein vorteilhaftes Bild ihrer Arbeitseinheit zu erzeugen. Sie kann durch das aktive Engagement im Beurteilungsprozess begründet über die Verteilung finanzieller Ressourcen entscheiden.

4.7.2 Gesprächsstile

Die Beziehung ist mindestens so wichtig wie der Inhalt des Gesprächs

Für den Erfolg des Gesprächs ist nicht nur wichtig, was gesagt wird (Inhaltsaspekt), sondern vor allem auch, wie es gesagt wird (Beziehungsaspekt), d. h. der Stil ist entscheidend. Denn die Führungskraft hat nicht nur die Aufgabe, angemessene Ziele für den Mitarbeiter zu formulieren, sondern muss auch das Commitment des Mitarbeiters für deren Erreichen sicherstellen. Er muss in angemessener Weise Feedback zu den zurückliegenden Leistungen geben, um die Leistungsbereitschaft des Mitarbeiters zu erhalten bzw. weiter zu fördern. Es geht darum, eine angenehme und

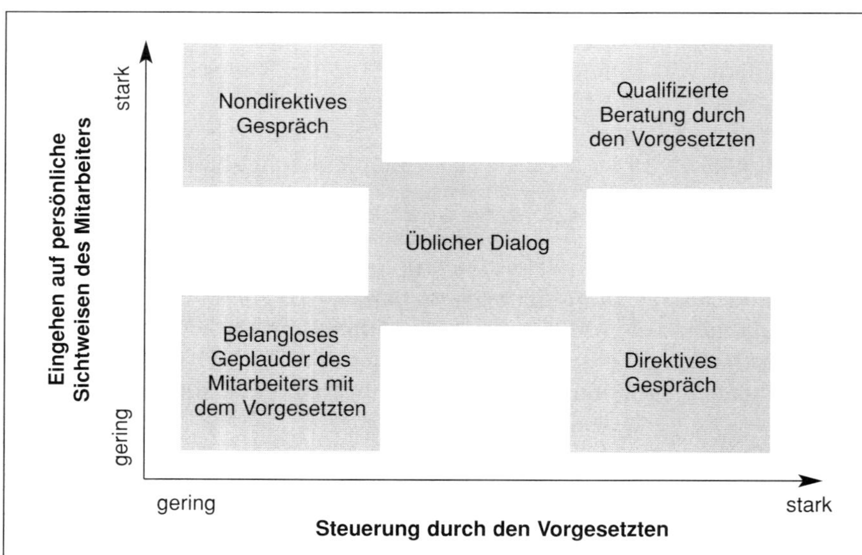

Abbildung 26:
Verschiedene Gesprächsstile (nach Neumann, 2003, S. 255)

kooperative Atmosphäre während des gesamten Gesprächs zu erhalten. Um beiden Aspekten gerecht zu werden, muss der Vorgesetzte die Gesprächssteuerung, in der er seine Ziele verfolgt, und das Eingehen auf die Belange und Sichtweisen des Mitarbeiters ausbalancieren. Je nachdem, wie stark beide Komponenten realisiert werden, unterscheidet Neumann (2003) fünf charakteristische Gesprächsstile (s. Abb. 26).

Direktiv

Das direktive Gespräch ist dadurch gekennzeichnet, dass der Vorgesetzte stark steuert und kaum auf den Mitarbeiter eingeht. Das zeigt sich beispielsweise in einem hohem Redeanteil der Führungskraft, Unterbrechungen und direkten Bewertungen der Äußerungen des Mitarbeiters sowie in geschlossenen Fragen, die vom Mitarbeiter kurz zu beantworten sind. Direktiv geführte Gespräche sind typischerweise kürzere Gesprächsformen. Dieser Stil ist zwar günstig, um die Ziele klarzustellen, aber nur bedingt geeignet, um Commitment dafür zu erzeugen.

Nondirektiv

Das Gegenteil ist das nondirektive Gespräch, bei dem der Vorgesetzte kaum steuert, sondern dem folgt, was der Mitarbeiter ansprechen möchte. Das zentrale Merkmal dieses Gesprächsstils ist das aufmerksame Zuhören des Vorgesetzten. Neumann empfiehlt diesen Gesprächsstil, um heikle Themen anzusprechen. Bei diesem stark mitarbeiterorientierten Gespräch, das in angenehmer Atmosphäre verläuft, können gute Ergebnisse und ein hohes Commitment des Mitarbeiters erreicht werden, sofern der Mitarbeiter von sich aus die wichtigen Aspekte der Tätigkeit anspricht.

Geplauder

Ist das nicht der Fall, handelt es sich um belangloses Geplaudere, das zwar angenehm, aber in keiner Weise zielführend ist. Bei dieser Gesprächsform werden tätigkeitsrelevante Aspekte höchstens zufällig gestreift und der Vorgesetzte verzichtet darauf, die Aktivitäten des Mitarbeiters auf die Ziele hin auszurichten. Dieser Gesprächsstil bleibt für beide Beteiligten im Hinblick auf die Aufgabenerledigung unbefriedigend.

Dialog

Beim üblichen Dialog hält sich die Steuerung durch den Vorgesetzten in Grenzen, und die beiden Gesprächsbeteiligten tauschen Informationen aus. Sofern die Gesprächsanteile ähnlich hoch sind, ist das ein Stil, mit dem gute Ergebnisse und Commitment erzielt werden können, weil sich der Mitarbeiter ernst genommen und als gleichwertiger Gesprächspartner akzeptiert fühlt.

Beratung

Das qualifizierte Beratungsgespräch ist durch starke Steuerung des Vorgesetzten und Eingehen auf die Belange des Mitarbeiters gekennzeichnet. Dieser Gesprächsstil bietet sich an, wenn es um Feedback und weitere Entwicklungsmöglichkeiten geht. Je konkreter die Vorstellungen des Vorgesetzen sind, in welcher Richtung eine Entwicklung stattfinden sollte, und je unsicherer der Mitarbeiter selbst diesbezüglich ist, desto besser ist der Stil geeignet. Auf diese Weise kann relativ kurzfristig eine Lösung gefunden werden. Allerdings muss sich der Vorgesetzte bewusst sein, dass es mittelfristig problematisch werden kann, wenn er die Entwicklungsrichtung für seinen Mitarbeiter vorgibt, ohne diesen dazu zu ermuntern, eigene Vorstellungen zu entwickeln.

Eine gute Führungskraft setzt die unterschiedlichen Stile situationsangemessen ein

Keiner der Gesprächsstile ist der optimal passende für alle Situationen. Eine kompetente Führungskraft beherrscht alle Stile und setzt sie je nach Situation ein bzw. variiert sie nach Gesprächsverlauf und in verschiedenen Phasen. So ist der Beginn des Gesprächs durch Small Talk gekennzeichnet, was nach der Kategorisierung von Neumann belangloses Geplaudere darstellt, aber genau der Funktion von Small Talk entspricht, eine angenehme Atmosphäre herzustellen und sich gegenseitig der grundsätzlich positiven Beziehung zu versichern. Beim Gesprächseinstieg in das tatsächliche Mitarbeitergespräch wird der direktive Stil vorherrschen, da die Führungskraft Ablauf, Ziele, Inhalte und Dauer skizziert. Das Feedback zur bisherigen Leistung sowie Verbesserungsbedarf und -möglichkeiten aus der Sicht des Vorgesetzten werden im Stil der qualifizierten Beratung gegeben. Für den Austausch über Leistungs- und Arbeitsbedingungen bieten sich der übliche Dialog und das nondirektive Gespräch an. Hier werden Informationen darüber ausgetauscht, was fördernde und hindernde Bedingungen im Arbeitsumfeld sind und wie ggf. Lösungen geschaffen werden können. Beide Beteiligten äußern ihre Ansichten. Da der Vorgesetzte im Vorhinein nicht unbedingt alle Aspekte kennt, die der Mitarbeiter als wichtig ansieht, sollte er sich auch durch das leiten lassen, was der Mitarbeiter anspricht. Wenn es um die Entwicklungsperspektiven geht, kommen je nach Entwicklungsstand des Mitarbeiters und dessen Konkretheit der Vorstellungen die qualifizierte Beratung oder das nondirektive Gespräch sowie der übliche Dialog in Frage.

Zuhören ist eine Kernkompetenz

Neuberger (2004) nennt als herausragende Anforderung an die Führungskraft für erfolgreiche Mitarbeitergespräche die Fähigkeit zum Zuhören. Damit ist nicht ein oberflächliches Zuhören gemeint, mit dem Verständnis angedeutet, aber tatsächlich nur auf die nächste Gesprächspause gewartet wird, um selbst das Wort zu ergreifen. Viel eher kommt es darauf an, durch körpersprachliche Signale wie eine zugewandte Körperhaltung, Blickkontakt und Nicken zu vermitteln, dass die Führungskraft auf den Gesprächspartner konzentriert ist. Die Führungskraft sollte das Gehörte sinngemäß wiedergeben, um zu prüfen, ob der Inhalt so verstanden wurde, wie er gemeint war. Außerdem ist es für die Führungskraft wichtig, nicht nur darauf zu achten, was der Mitarbeiter sagt, sondern auch wie er es ausdrückt und wie er sich dabei verhält, um die Inhalte zu erfassen, die implizit oder „zwischen den Zeilen" vermittelt werden (vgl. Wellhöfer, 2004).

Neuberger (2004) stellt vier Aspekte leistungsbezogenen Feedbacks heraus, die eine gute Leitlinie für mitarbeiterzentrierte Gespräche bieten.

Aspekte leistungsbezogenen Feedbacks
Informationsaspekt
Er umfasst die Aufzählung der Aufgaben, die der Mitarbeiter ausführt sowie den sachlichen Austausch über Arbeitsbedingungen und die Analyse von Soll- und Ist-Zustand der Leistung. Er kann eine Klärung von Aufgaben und Anforderungen herbeiführen.
Lernaspekt
Durch die explizite Bewertung des beobachteten Leistungsverhaltens, d. h. durch Lob und Tadel, drückt der Vorgesetzte seine Einschätzung aus. Mit Lob will er erreichen, dass das gewünschte Verhalten zukünftig wiederholt oder sogar verstärkt wird. Mit Tadel will er erreichen, dass unerwünschtes Verhalten in Zukunft nicht mehr gezeigt oder zumindest abgeschwächt wird. Damit stattdessen gewünschtes Verhalten auftritt, ist es wichtig, dass die Kritik konstruktiv geäußert wird, d. h. dass Verhaltensalternativen benannt oder bevorzugt gemeinsam erarbeitet werden.
Motivationsaspekt
Leistungsbezogenes Feedback nimmt Einfluss auf den menschlichen Handlungsantrieb. Speziell durch positives Feedback kann eine erhöhte Leistungsanstrengung erreicht werden. Negatives Feedback, besonders, wenn es in Anwesenheit Dritter gegeben wird, kann emotional desorganisiertes Verhalten und ein geringeres Leistungszutrauen bewirken.
Sozialer Aspekt
Leistungsbezogenes Feedback hat Auswirkungen auf das Selbstbild des Mitarbeiters. Während Lob bestätigend wirkt, kann Tadel sinkendes Selbstvertrauen und Resignation auslösen. Kritik sollte daher immer dosiert erfolgen, und es sollten Begründungen für eigene Einschätzungen gegeben werden. Die Führungskraft sollte ihr Feedback auf Verhaltensbeobachtungen stützen und auf eigenschaftsbezogene Bewertungen verzichten. Wenn Verhalten getadelt wird, kann über angemessene Darstellung der Stärken des Mitarbeiters Zuversicht vermittelt werden, die gewünschte Verhaltensänderung herbeiführen zu können. Außerdem sollte der Mitarbeiter Gelegenheit haben, seine Sichtweise darzustellen.

Da der Erfolg des Gesprächs, d. h. die Zufriedenheit des Mitarbeiters, seine Leistungsbereitschaft und die Wahrscheinlichkeit hoher zukünftiger Leistungen sehr stark von der Art und Weise abhängig ist, in der das Gespräch geführt wird, wird im Weiteren auf Einzelheiten zum Zusammenhang zwischen verschiedenen Formen der Beteiligung und der Zufriedenheit eingegangen und dann im folgenden Abschnitt die Wirkung von Feedback auf Einstellungen und Verhalten detailliert dargestellt.

In einer Metaanalyse wurde der Zusammenhang zwischen verschiedenen Arten der Beteiligung an Leistungsbeurteilungen und unterschiedlichen Maßen der Reaktion auf Leistungsbeurteilungen untersucht (Cawley, Keeping & Levy, 1998). Es wurden folgende Variablen untersucht:

1. *Arten der Beteiligung:*
   - die Möglichkeit der Mitarbeiter, Einfluss auf die Bewertung zu nehmen
   - die Gelegenheit für Mitarbeiter, ihre Meinung zur Bewertung zu äußern
   - der Redeanteil der Mitarbeiter
   - die Möglichkeit, eine Selbsteinschätzung vorzunehmen
   - Gesamtbeteiligung bestehend aus den einzelnen Beteiligungsformen
2. *Arten positiver Reaktionen auf die Beurteilung:*
   - Zufriedenheit mit dem Mitarbeitergespräch
   - Zufriedenheit mit dem Leistungsbeurteilungsinstrument
   - Motivation zu Verbesserung der Leistung
   - Einschätzung der Leistungsbeurteilung als nützlich und fair
   - Gesamteinschätzung bestehend aus den einzelnen Reaktionen

Die Analyse bezog sich ausschließlich auf Untersuchungen, die in der Praxis, d. h. mit tatsächlichen Mitarbeitern durchgeführt wurden. Sie zeigt interessante Ergebnisse. Da die Studie korrelativ ist, kann keine Aussage darüber gemacht werden, was jeweils Ursache und was Wirkung ist: Während die Möglichkeiten, die eigene Meinung im Mitarbeitergespräch zu äußern sowie Einfluss auf die Bewertung zu nehmen einen starken positiven Zusammenhang zu positiven Reaktionen aufweisen, stehen die Redezeit des Mitarbeiters und die Möglichkeit der Selbsteinschätzung zwar ebenfalls in positivem, aber deutlich geringerem Zusammenhang zu positiven Reaktionen. Das heißt, es ist für die Mitarbeiter wichtiger, Einfluss zu nehmen und ihre Meinung zu äußern. Auffällig ist, dass die reine Möglichkeit, die eigene Ansicht zu äußern noch wichtiger für die Zufriedenheit mit dem Gespräch bzw. dem Beurteilungssystem, seiner wahrgenommenen Fairness und Nützlichkeit ist, als die tatsächliche Einflussnahme auf die Bewertung. Hingegen hängt die Motivation des Mitarbeiters, die eigene Leistung zu verbessern, gleich stark mit den Möglichkeiten der Äußerung im Gespräch und mit der Einflussnahme auf die Bewertung zusammen. Die Motivation hängt insgesamt jedoch am schwächsten mit Beteiligungsmöglichkeiten an Leistungsbeurteilungen zusammen. Die Ergebnisse geben auch einen Hinweis darauf, dass die tatsächliche Einflussnahme auf die Bewertung stärker mit der Zufriedenheit mit dem Instrument zusammenhängt als mit der Zufriedenheit mit dem Gespräch. Die Ergebnisse der Studie sind schematisch in Tabelle 14 dargestellt.

Gehör für die eigene Meinung zu finden, ist wichtiger, als Einfluss auf die Bewertung zu nehmen

Tabelle 14:
Positive Reaktionen der Mitarbeiter in Abhängigkeit der Form der Partizipation bei der Leistungsbeurteilung (nach Cawley et al., 1998). Je größer das Quadrat, desto stärker der Zusammenhang. Für die leeren Zellen liegen nicht genügend Daten vor.

Form der Partizipation	**Positive Reaktionen der Mitarbeiter**				
	Zufriedenheit mit Gespräch	Zufriedenheit mit Instrument	Motivation zur Verbesserung	Instrument ist nützlich + fair	Gesamt
Einfluss auf Bewertung nehmen	□	□	□	□	□
Eigene Meinung äußern	□	□	□	□	□
Viel Redezeit haben	□	□	□	□	□
Möglichkeit der Selbsteinschätzung					□
Gesamt	□	□	□	□	□

Die Ergebnisse der Metaanalyse stützen die Aussage von Neuberger (2004), dass der zuvor angesprochene Beziehungsaspekt (die Art und Weise, wie miteinander umgegangen wird) entscheidend ist. Es kommt nicht auf die absolute Redezeit des Mitarbeiters an, sondern darauf, dass die Führungskraft wirklich zuhört. Damit der Mitarbeiter zufrieden ist, ist es also nicht wichtig, dass er viel redet, sondern dass er den Eindruck hat, gehört zu werden. Wenn die Führungskraft glaubwürdig vermitteln kann, dass sie die Argumente des Mitarbeiters ernst nimmt, wird dieser die Bewertung mit höherer Wahrscheinlichkeit akzeptieren und selbst bei abweichender eigener Einschätzung darauf verzichten, die Beurteilung zu beeinflussen.

4.7.3 Wirkungen von Feedback

Beachte: Im Mitarbeitergespräch erhält der Mitarbeiter verhaltens- und leistungsbezogene Informationen über sich selbst aus der Sicht der für die eigene Entwicklung im Unternehmen aktuell wichtigsten Person. Aus diesem Grund ist mit einer hohen Aufmerksamkeit, aber auch einer hohen Empfindlichkeit in Bezug auf den vermittelten Eindruck zu rechnen.

Mitarbeiter sind prinzipiell stark an Rückmeldung interessiert, weil sie wissen wollen, wo sie stehen, bevorzugen aber eine kurzfristige Einschätzung (Day-to-Day-Feedback), die sich auf die Arbeitsleistung im beruflichen Alltag bezieht. Diese erlaubt ihnen eine raschere Anpassung ihres Verhaltens an die Erfordernisse und Erwartungen und gibt ihnen durch den Abgleich mit ihrer eigenen Wahrnehmung Sicherheit bezüglich ihrer Selbsteinschätzung. Das stärker formalisierte Mitarbeitergespräch umfasst einen längeren Zeitraum, zieht umfassendere Konsequenzen nach sich und ist damit wichtiger. Es ist mit einer Bandbreite unterschiedlicher Empfindungen verbunden, die von Bedrohung, Angst über Bedauern und Hoffnung bis zu Freude variieren und hinsichtlich derer sich Menschen unterscheiden (vgl. Fletcher, 2002).

Selbsterkenntnis fördern

Ganz generell bietet Feedback dem Empfänger die große Chance, etwas über sich zu erfahren, was ihm bisher nicht bewusst war. Um die Akzeptanz des Mitarbeiters für das Feedback zu erhöhen, muss deutlich werden, dass es nicht um die Kritik als ihrer selbst willen, sondern um die Chance zur Erhöhung der Selbsterkenntnis geht. Wichtig dabei ist, dass nicht der Eindruck entsteht, die Führungskraft sei allwissend und der Mitarbeiter habe nur beschränkten Einblick in sein Arbeitsverhalten.

Wirkung hängt von Selbstwertgefühl ab

Wie Feedback aufgenommen wird, hängt stark von der Weise ab, in der es vermittelt wird, aber auch von der empfundenen Selbstwirksamkeit der beurteilten Person, also dem Gefühl, etwas (in diesem Fall Arbeitsleistungen) bewirken oder erbringen zu können. Silver, Mitchell und Gist (1996) fanden, dass die Rückmeldung negativer Leistung von Personen mit hohem Selbstwirksamkeitsempfinden so interpretiert wird, dass ihr Selbstwert geschützt wird. Das heißt, sie lassen sich durch Tadel nicht entmutigen. Personen mit geringem Selbstwirksamkeitsempfinden lassen sich durch die Rückmeldung schlechter Leistung eher einschüchtern und trauen sich zukünftig weniger zu.

Reaktionen auf Feedback

Neben diesen charakteristischen Unterschieden zwischen Menschen gibt es allerdings auch einige allgemein geltende Wirkungen von Feedback, die beim Mitarbeitergespräch beachtet werden sollten. Farr (1991) unterscheidet die drei Ebenen der emotionalen, der gedanklichen und der verhaltensbezogenen Reaktionen auf leistungsbezogenes Feedback (s. Abb. 28).

Gefühle

Auf der Ebene der emotionalen Reaktionen sind unterschiedliche Gefühle zu erwarten. Ob die Gefühle eher positiv (z. B. Freude, Stolz) oder negativ (z. B. Ärger, Wut, Resignation, Angst, Scham) ausfallen, hängt natürlich am stärksten davon ab, ob es sich um Lob oder Tadel handelt. Wie die gerade genannten Beispiele möglicher Gefühle zeigen, ist die Bandbreite der zu erwartenden Emotionen bei negativem Feedback größer und damit für den Feedbackgeber schlechter vorhersehbar als bei positivem.

Gedanken

Außer den unmittelbaren emotionalen Reaktionen ist mit einer kognitiven Verarbeitung der Leistungsinformation zu rechnen, die zumindest zum Teil von den emotionalen Reaktionen beeinflusst wird. Der Empfänger des Feedbacks fragt sich zum einen, was die Motive des Feedbackgebers sind und mit welchen Konsequenzen er zu rechnen hat. Hat der Empfänger den Eindruck, der Geber ist nicht glaubwürdig, indem dieser beispielsweise eine momentane Frustration ausagiert oder nicht die Absicht zeigt, den Mitarbeiter durch das Feedback zu fördern, so wird das Feedback abgewertet und weniger stark auf sich bezogen. Wird dem Feedbackgeber Glaubwürdigkeit zugesprochen, analysiert der Mitarbeiter die Ursachen der eigenen Leistung (vgl. Abb. 27). Dabei unterscheidet er, ob er die Kontrolle über die Herbeiführung des Arbeitsergebnisses hatte, d. h. die Ursache für die Leistung und die Verantwortung bei ihm selbst lag oder nicht. Außerdem überlegt er, ob das Arbeitsergebnis stabil ist oder nicht, d. h. mit welchen Leistungen er bei gleicher Aufgabenstellung zukünftig rechnet. Die Überlegungen zur Verantwortlichkeit für die Arbeitsleistung und deren Stabilität lassen sich grafisch folgendermaßen darstellen:

	Wie stabil ist die Arbeitsleistung?	
Wo liegt Kontrolle/ Verantwortung für die Arbeitsleistung?	Stabil	Nicht stabil
Beim Mitarbeiter	Fähigkeit	Anstrengung
Nicht beim Mitarbeiter	Lösbarkeit/Schwierigkeit der Aufgabe	Zufall

Abbildung 27:
Möglichkeiten der Zuschreibungen der Ursache für Arbeitsleistungen

Beide Überlegungen (Motive des Beurteilers, Zuschreibung von Ursachen) können wiederum die auftretenden Gefühle beeinflussen. Die vom Mitarbeiter vorgenommene Zuschreibung der Ursachen für seine Leistung bestimmt, ob und in welcher Weise er auf das Feedback reagiert. Sieht er sich nicht als verantwortlich für das Leistungsergebnis (dargestellt in den beiden unteren Zellen), z. B. weil nach seiner Ansicht die Aufgabe prinzipiell nicht besser zu lösen war oder weil aufgrund einmaliger äußerer Umstände keine bessere Leistungserbringung möglich war, also auch niemand anders eine bessere Leistung erzielt hätte, so wird er sich durch negatives Feedback ungerecht behandelt fühlen und wird sich beispielsweise rechtfertigen oder das Feedback nicht ernst nehmen. Von der Führungskraft sollte Feedback bei Erkennen der Nicht-Verantwortlichkeit des Mitarbeiters nur in dem Sinn gegeben werden, dass sie dem Mitarbeiter deutlich macht, dass sie sieht, dass er nicht verantwortlich ist. Auf diese Weise kann dem Mitarbeiter die Sorge vor einer schlechten Beurteilung für dieses Leistungsergebnis genommen werden.

Kontrollierbare instabile Leistungsursachen haben beste Chance für Änderung

Wenn der Mitarbeiter die Verantwortung bei sich sieht (die beiden oberen Zellen), wird er überlegen, ob seine Leistungsergebnisse in vergleichbaren Fällen ähnlich waren (dann läge die Ursache in seinen Fähigkeiten) oder ob das Leistungsergebnis einmalig so ausgefallen ist (in diesem Fall verursacht durch seine mangelnde Anstrengung). Bei einem seiner Anstrengung zugeschriebenen Ergebnis ist es für den Mitarbeiter am leichtesten, auf das Feedback zu reagieren. Er reagiert auf die Kritik damit, sich das nächste Mal mehr anzustrengen. Schreibt er das Leistungsergebnis seiner mangelnden Fähigkeit zu, muss er abwägen, ob die Fähigkeit kurzfristig zu beeinflussen ist, z. B. durch eine Weiterbildungsmaßnahme, oder nicht. Im letzteren Fall wäre die nahe liegende Konsequenz, dass der Mitarbeiter nicht mehr mit dieser Art von Aufgaben betraut werden sollte.

Verhalten

Die dritte Ebene der Reaktionen auf Feedback umfasst das Verhalten. Welche Reaktion der Mitarbeiter zeigt, hängt von den emotionalen und kognitiven Reaktionen ab. Prinzipiell sind quantitative und qualitative Reaktionen zu unterscheiden. Eine quantitative Reaktion bezieht sich auf den Wechsel oder das Aufrechterhalten der Intensitäts- oder Leistungsstufe, d. h. mehr oder weniger oder genauso viel zu arbeiten wie bisher. Hat der Mitarbeiter beispielsweise einen Bericht nicht termingerecht abgegeben, weil er die Bearbeitungsdauer unterschätzt hat, wird er das nächste Mal früher anfangen und mehr Zeit dafür aufwenden. Die qualitativen Reaktionen

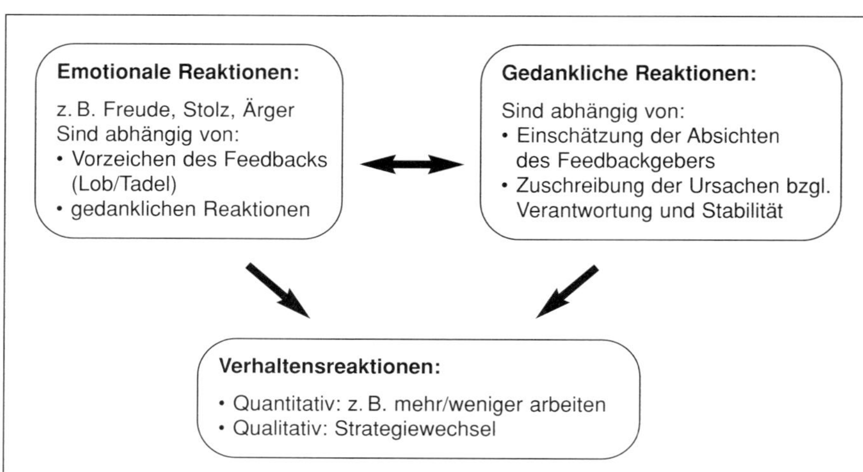

Abbildung 28:
Arten von Reaktionen auf leistungsbezogenes Feedback

beziehen sich auf die Richtung seines Verhaltens, d. h. er passt seine Strategien zur Zielerreichung an, z. B. indem er eine andere Vorgehensweise wählt oder andere Ressourcen als bisher nutzt. Im genannten Beispiel hieße das möglicherweise, dass der Mitarbeiter die Ausarbeitung weniger detailliert vornimmt oder Kollegen bittet, ihn zu unterstützen. Ob und welche Verhaltensanpassungen ein Mitarbeiter vornimmt, hängt außerdem von der Übereinstimmung der Rückmeldung mit seiner Selbsteinschätzung sowie von der zeitlichen Nähe der Rückmeldung zur erbrachten Leistung ab. Je besser Fremd- und Selbsteinschätzung übereinstimmen und je unmittelbarer die Rückmeldung erfolgt, desto ernster wird sie genommen. Stellen Sie sich vor, Ihr Vorgesetzter gäbe Ihnen folgendes Feedback: „Übrigens, Ihr Konzept für die Anpassung unseres Personalmarketings, das Sie mir vor einem halben Jahr gegeben haben, hat mir sehr gut gefallen." Hier stimmen zwar möglicherweise Selbst- und Fremdeinschätzung bzgl. der Qualität überein, aber durch den späten Zeitpunkt wirkt das Lob geradezu lächerlich.

4.7.4 Ablauf des Beurteilungsgesprächs

Vorbereitung des Gesprächs

Jedes Beurteilungsgespräch sollte gut vorbereitet werden. Dazu gehören eine rechtzeitige Einladung, sich die konkreten Gesprächsziele bewusst zu machen und das Gespräch gedanklich vorzustrukturieren (z. B. anhand eines Leitfadens). Außerdem ist es notwendig, das Umfeld so zu arrangieren, dass eine angenehme und störungsfreie Atmosphäre gewährleistet sind.

Inhaltliche Gestaltung des Gesprächs

Der Ablauf des Beurteilungsgesprächs lässt sich in sieben Phasen (Abb. 29) darstellen. Die erste und die letzte Phase dienen primär der Beziehungsgestaltung, die Phasen zwei bis sechs bilden die Kernaspekte des Gesprächs mit der inhaltlichen Auseinandersetzung.

1. Einleitung
Nach der Begrüßung wird durch etwas Small Talk eine positive Atmosphäre hergestellt, die eine grundsätzlich gute Beziehung zwischen den Gesprächspartnern signalisiert. Danach werden Zielsetzung und Ablauf des Gesprächs sowie sein zeitlicher Rahmen skizziert.

2. Ziele für den zu beurteilenden Zeitraum
Es ist ein guter Einstieg in den Hauptteil des Gesprächs, wenn die Führungskraft zunächst die aktuellen Tätigkeiten nennt, die das reguläre Aufgabengebiet mit Verantwortlichkeiten sowie ggf. Sonderaktivitäten und Projekte umfassen, so dass klar ist, auf welche wesentlichen Aufgaben sich die folgenden Aussagen beziehen. Das ist natürlich wichtiger, wenn es sich um

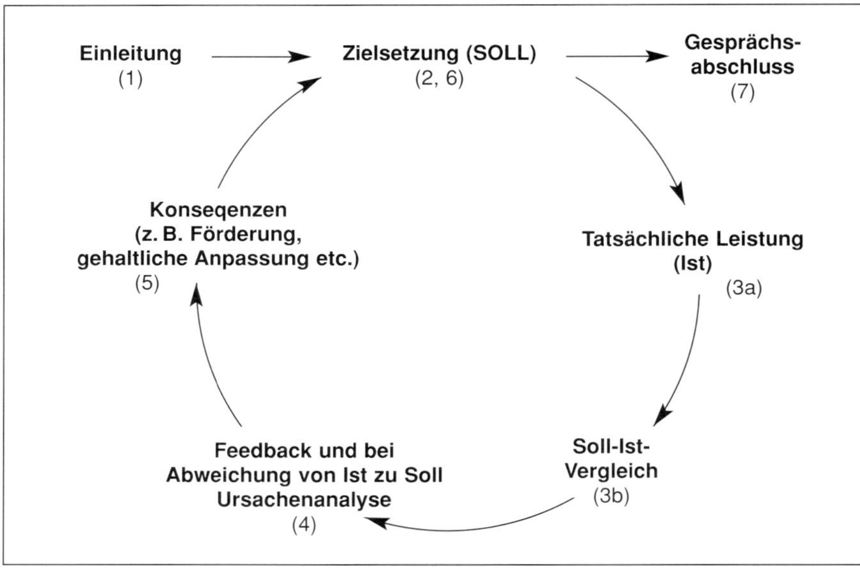

Abbildung 29:
Regelkreis des Beurteilungsgesprächs. Die Zahlen in Klammern geben die Gesprächsphase an.

wechselnde Aufgaben handelt, als wenn jemand in einer Linienfunktion jahrelang die gleiche Tätigkeit ausübt. Außerdem werden die Ziele wiederholt, die für den Beurteilungszeitraum vereinbart worden waren. Sie stellen die Bemessungsgrundlage für die Beurteilung dar. In dieser Phase werden auch spezielle Rahmenbedingungen angesprochen, die für den Beurteilungszeitraum maßgeblich waren, wie beispielsweise die Einarbeitung nach einem Tätigkeitswechsel oder spezifische Marktgegebenheiten, die tätigkeitsrelevant sind usw. Die Thematisierung und Prüfung solcher Faktoren sind wichtig, denn sie haben sich ggf. einschränkend auf die prinzipielle Erreichbarkeit der Ziele ausgewirkt. Ihre angemessene Berücksichtigung hat Einfluss auf die Glaubwürdigkeit der Führungskraft in den Augen des Mitarbeiters und dessen Zufriedenheit mit der Beurteilung.

3. Ermittlung des Zielerreichungsgrades
In der nächsten Phase wird zunächst die tatsächliche Leistung des Mitarbeiters aus Sicht des Vorgesetzten beschrieben, d. h. es wird eine Ist-Analyse vorgenommen. Diese Analyse wurde im Vorfeld des Gesprächs von der Führungskraft vorgenommen, so dass das Gespräch auf die Darstellung und Erläuterung der Beobachtungen beschränkt ist. Daran anschließend wird zusammenfassend festgestellt, in welchem Ausmaß die zuvor vereinbarten Ziele für diesen Beurteilungszeitraum erreicht wurden. Positive wie negative Abweichungen von Ist und Soll sind als solche zu benennen.

4. Feedback und Ursachenanalyse

Auf der Grundlage des Soll-Ist-Vergleichs gibt die Führungskraft explizites und detailliertes Feedback zum Zielerreichungsgrad. Neben der ergebnisbezogenen Rückmeldung wird üblicherweise auch eine verhaltensbezogene Einschätzung gegeben. Eine besondere Aufmerksamkeit wird der Abweichung der Leistung von den Zielen gewidmet. Positive Abweichungen werden entsprechend gewürdigt, um die Leistungsmotivation zu erhalten und deutlich zu machen, dass die Ergebnisse des Mitarbeiters wahrgenommen und anerkannt werden. Negative Abweichungen müssen näher analysiert werden. Es kommt darauf an, die Ursachen für die Nicht-Erreichung der Ziele konkret herauszuarbeiten. Sind sie vom Mitarbeiter zu verantworten (siehe Abschnitt Wirkungen von Feedback), so muss geklärt werden, ob der Mitarbeiter durch die Ziele überfordert ist und die Leistung auch zukünftig nicht erbringen kann, oder ob die Leistung durch einmalige Faktoren (z. B. zu geringe Anstrengung, Fehleinschätzung) verursacht wurde. Liegen die Leistungsabweichungen nicht in der Person des Mitarbeiters begründet, sondern in äußeren Umständen, so muss das bei der Ermittlung des Zielerreichungsgrades berücksichtigt werden. Andernfalls ist mit Unzufriedenheit und Demotivation auf Seiten des Mitarbeiters zu rechnen. Aber auch eine erwartungsgemäße Zielerreichung wird durch angemessenes Feedback gewürdigt. Die Führungskraft drückt darin Wertschätzung und Anerkennung der Leistung aus und wirkt so positiv auf die zukünftige Motivation des Mitarbeiters. In jedem Fall ist es besonders wichtig, diese Gesprächsphase als Dialogprozess zu gestalten, d. h. der Mitarbeiter muss genügend Gelegenheit erhalten, auch seine Sicht der Dinge darzustellen.

Detaillierte Analyse der Leistungsursachen bei Nicht-Erreichung

Gute Leistungen angemessen würdigen

5. Konsequenzen der Beurteilung

Die Deltaanalyse zwischen Soll und Ist, bei der die Verantwortlichkeit für die erbrachten Leistungen angemessen berücksichtigt wurde, ist Grundlage für die Vereinbarung von Maßnahmen. Wurden die Ziele übertroffen, muss gemeinsam überlegt werden, welche Perspektiven für den Mitarbeiter ins Auge gefasst werden können. Speziell bei negativen Abweichungen von den vereinbarten Zielen ist wichtig, worin die Ursache gesehen wird. Liegt die Ursache in den Fähigkeiten des Mitarbeiters, muss überlegt werden, ob eine Weiterbildung helfen kann, um Fähigkeitslücken zu schließen. Ist der Erwerb der notwendigen Kompetenzen mittelfristig nicht zu erwarten, so ist es sinnvoller, die Tätigkeitsinhalte an die Fähigkeiten des Mitarbeiters anzupassen. Liegt die Ursache in einmaligen Vorkommnissen, die der Mitarbeiter zu verantworten hat, sollte geklärt werden, durch welche Verhaltensänderungen der Mitarbeiter zukünftig unbefriedigende Leistung vermeiden kann. Klug ist es, zunächst den Mitarbeiter Maßnahmen vorschlagen zu lassen und diese lediglich zu ergänzen bzw. zu korrigieren, wenn sie als ungeeignet wahrgenommen werden. Auf diese Weise ist ein höheres Commitment zu ihrer Umsetzung zu erwarten, als wenn die Führungskraft die notwendigen Verhaltensänderungen von vornherein vorgibt.

Ist der Mitarbeiter nicht für die Minderleistung verantwortlich, diese aber auch zukünftig zu erwarten, wenn sich die Rahmenbedingungen nicht verändern, muss überlegt werden, wie diese günstiger gestaltet werden können, sofern sie veränderbar sind. Das ist bei der Gestaltung des Arbeitsplatzes oder der Optimierung von Abläufen meist gegeben, bei marktbedingten Ursachen so gut wie gar nicht möglich.

Trägt der Mitarbeiter keine Verantwortung für das Verfehlen der vorgegebenen Ziele, weil dieses durch ein zufälliges Ereignis bedingt ist, so erübrigen sich Konsequenzen. Voraussetzung für diese Einschätzung ist allerdings, dass der Mitarbeiter angemessen auf nicht vorherzusehende Ereignisse reagiert und aktiv nach einer kurzfristigen Lösung gesucht hat (z. B. sofortige Suche nach Ersatzlieferanten nachdem das Werk des bisherigen Lieferanten abgebrannt ist).

6. Vereinbarung neuer Ziele
Wenn über Ziele geführt wird, so wird das Beurteilungsgespräch häufig auch genutzt, um Ziele für die nächste Beurteilungsperiode festzulegen. In manchen Unternehmen geschieht die Vereinbarung neuer Ziele in einem separaten Gespräch. In jedem Fall sollte die Zielvereinbarung von der Führungskraft in der Weise vorbereitet sein, dass sie ausgehend von den eigenen Zielen ermittelt, welchen Beitrag der Mitarbeiter zur Zielerreichung sinnvoller Weise leisten kann und sollte.

Spezifische, hohe, erreichbare Ziele

Zusätzlich sollten die Ergebnisse der zuvor beschriebenen Soll-Ist-Analyse sowie die folgenden Erkenntnisse der Leistungsforschung berücksichtigt werden (vgl. Kleinbeck, 2004). Danach dienen Ziele dazu, das Verhalten auszurichten, zu initiieren, aufrechtzuerhalten und Ausdauer bei deren Verfolgung zu fördern. Ziele zur Leistungsförderung sind dann besonders wirksam, wenn sie spezifisch formuliert, herausfordernd und erreichbar sind. Konkrete Ziele sind nach Inhalt, Ausmaß und Zeitraum eindeutig und verständlich zu beschreiben. Eine weitere wichtige Voraussetzung für die Wirksamkeit von Zielen ist die Bindung des Mitarbeiters an die Ziele, d. h. dass er ihnen zustimmen kann und sich verpflichtet fühlt, sie zu erreichen. Das kann am besten durch einen Prozess der partnerschaftlichen Zielvereinbarung im Gegensatz zu einer einseitigen Festlegung bzw. Vorgabe durch die Führungskraft erreicht werden. Ist die Zielerreichung allerdings stark an die Entgeltfindung gekoppelt, ist auch bei einseitiger Zielvorgabe ein hohes Engagement zu erwarten. Für Teams fanden Erke und Jöns (2003) keinen Zusammenhang zwischen Partizipation bei der Zielfindung und Leistung. Bei ihnen können Ziele demnach vorgegeben werden.

Hat die vorherige Analyse eine fähigkeitsbedingte Verfehlung der Ziele ergeben, und ist eine mittelfristige Anpassung der Fähigkeiten nicht zu erwarten, so müssen die Ziele an die Fähigkeiten bzw. Möglichkeiten des Mitarbeiters angepasst werden. Das gilt auch, wenn die Nicht-Erreichung der Ziele zwar nicht durch den Mitarbeiter zu verantworten, aber nicht als einmalig einzuschätzen ist. Unter diesen Umständen ist auch die Zielerreichung der Führungskraft selbst gefährdet. Daher muss geklärt werden, wie die Ziele der Führungskraft auf anderem Wege erreicht werden können. Zu diesbezüglichen Maßnahmen kann die Umverteilung von Aufgaben oder die Einstellung eines zusätzlichen Mitarbeiters gehören.

Fähigkeitsbedingte Anpassung zukünftiger Ziele
Hierbei ist allerdings zu beachten, inwiefern der Zielerreichungsgrad an Vergütungsregeln geknüpft ist. Werden Gehaltsbestandteile in Abhängigkeit von der prozentualen Zielerreichung gezahlt, so wird eine Senkung der zukünftigen Ziele bei einem Mitarbeiter von anderen Mitarbeitern als ungerecht empfunden, denen keine solche Vergünstigung gewährt wird.

7. Gesprächsabschluss
Zum Abschluss des Gesprächs werden die vereinbarten Maßnahmen noch einmal zusammengefasst und schriftlich fixiert bzw. in das entsprechende Computersystem eingepflegt. Außerdem wird ein positiver Ausblick gegeben. Ziel dieser Gesprächsphase ist es, den Fortbestand der positiven Grundstimmung zwischen den Gesprächspartnern zu signalisieren. Das geschieht beispielsweise durch Hinweis auf die Erwartung einer weiterhin guten Zusammenarbeit oder die Zuversicht, dass die Ziele gemeinsam erreicht werden können.

Nachbereitung des Gesprächs

Im Nachgang zu dem Gespräch werden die getroffenen Beschlüsse, d. h. beispielsweise Fördermaßnahmen und gehaltliche Anpassungen, umgesetzt und dokumentiert. Die genaue und zeitnahe Umsetzung der Vereinbarung trägt wesentlich zur Glaubwürdigkeit der Führungskraft und zur Zufriedenheit der Mitarbeiter bei.

4.8 Probeanwendung, Evaluation und Adjustierung des Instruments

Probeanwendung

Vor der ersten Anwendung des neuen Beurteilungssystems sollte auf jeden Fall ein Probelauf erfolgen. Das heißt, die Beurteilung sollte nicht sofort mit der kompletten Belegschaft, sondern zunächst mit ausgewählten, möglichst repräsentativen, Gruppen durchgeführt werden. Für diese Gruppen wird der Kommunikationsprozess prinzipiell in der gleichen Weise durchgeführt wie bei der Anwendung für die komplette Belegschaft. Der Probecharakter sollte dabei aber deutlich werden. Das heißt, den Beteiligten muss klar gemacht werden, dass diese Beurteilung zunächst ohne Konsequenzen erfolgt, sondern lediglich dem Test und der Anpassung des Systems gilt.

Evaluation und Adjustierung

Evaluation von Praktikabilität, Nützlichkeit und Akzeptanz

Nach Abschluss des Probedurchlaufs der Beurteilungen und der dazugehörigen Mitarbeitergespräche werden die Erfahrungen mit dem neuen Instrument systematisch ausgewertet. Diese Auswertung sollte sich auf die Kriterien der Praktikabilität in der Handhabung des Instruments, seine Nützlichkeit für die Erreichung der angestrebten Ziele und die Akzeptanz bei den Nutzern beziehen. Wichtig für eine repräsentative Evaluation ist es, die verschiedenen Perspektiven angemessen zu berücksichtigen. Konkret heißt das, es werden Vorgesetzte, die Beurteilungen vorgenommen und die zugehörigen Mitarbeitergespräche geführt haben, beurteilte Mitarbeiter, das Top-Management, die Arbeitnehmervertretung und das Personalmanagement einbezogen. Durch diese Form der Beteiligung wird die Akzeptanz des endgültigen Systems positiv beeinflusst. Neben der Partizipation ist die Transparenz eine wesentliche Bedingung für die Akzeptanz. Daher ist es empfehlenswert, die oben genannten unterschiedlichen Personengruppen nicht getrennt, sondern gemeinsam zu ihren Einschätzungen zu befragen. Das kann in Form eines durch das Personalmanagement vorbereiteten und moderierten Evaluations-Workshops geschehen. Durch die gemeinsame Besprechung kann Offenheit für die Erfahrungen der Betroffenen und die Absicht zur Entwicklung eines guten Leistungsbeurteilungssystems glaubhaft vermittelt werden. Auf der Grundlage der Erfahrungen sollte möglichst mit Konsens entschieden werden, welche Aspekte des Beurteilungssystems eine Anpassung erfordern und wie sie konkret aussehen soll. Das Personalmanagement setzt die Anpassungen dann um und informiert die Teilnehmer des Workshops sowie die Unternehmensleitung. Auch die Belegschaft wird informiert, dass der Probelauf erfolgreich abgeschlossen wurde und das Leistungsbeurteilungsinstrument jetzt eingesetzt werden kann.

4.9 Handhabung des Leistungsbeurteilungssystems

4.9.1 Festlegung der Zeiträume und Beurteilungsfrequenzen

In den meisten Unternehmen, die sich für systematische Leistungsbeurteilungen entschieden haben, finden diese in regelmäßigen Abständen statt. Meist wird als Beurteilungsperiode ein Jahr gewählt. Das kann in manchen

Fällen, z. B. bei der Bearbeitung mehrerer kurzer Projekte, zu lang sein. Ist die Unternehmenstätigkeit stark durch Projektarbeit gekennzeichnet, sollte dem Rechnung getragen werden, indem die Beurteilungsperiode keine festen Zeitabstände umfasst. Es bietet sich dann eine projektbezogene Periode an, bei der die Leistung der Mitarbeiter jeweils nach Abschluss eines Projektes beurteilt wird. In anderen Fällen kann die Beurteilungsperiode von einem Jahr zu kurz sein, beispielsweise wenn es um Vertriebserfolge geht, die sich oft erst nach langjähriger Pflege der Kundenbeziehung einstellen. Wird dennoch ein jährlicher Beurteilungsabstand gewählt, so müssen solche langfristig zu erzielenden Erfolge entsprechend berücksichtigt werden. Passiert das nicht, werden die Mitarbeiter motiviert, ausschließlich nach kurzfristigen Erfolgen zu streben. Das kann zur Folge haben, dass die mittelfristigen Ziele der Unternehmensleitung nicht erreicht werden.

Zeit- versus projektbezogene Beurteilungsfrequenzen

Häufig werden Leistungsbeurteilungs- oder Zielerreichungsgespräche zeitlich mit den Gesprächen verknüpft, in denen neue Absprachen für den zukünftigen Beurteilungszeitraum getroffen werden. In vielen Fällen liegt der Zeitpunkt im ersten Quartal und ergibt sich daraus, dass die Geschäftsleitung ihre Ziele für das Gesamtunternehmen am Jahresende für das kommende Jahr erhält oder festlegt. Diese Ziele bilden die Grundlage für Zielvereinbarungen, die auf die jeweils nachfolgende Hierarchieebene heruntergebrochen werden. Werden Leistungsbeurteilungen bzw. Zielerreichungsgrade für die vergangene Beurteilungsperiode zeitlich mit dem Zielsetzungsgespräch für die kommende Periode verknüpft, so hat das den Vorteil, dass sich Vorgesetzte und Mitarbeiter nur einmal zusammenzusetzen müssen.

Beachte: Ein gravierender Nachteil ist allerdings darin zu sehen, dass Erkenntnisse, die sich möglicherweise erst im Beurteilungs- oder Zielerreichungsgespräch ergeben, nicht mehr für die neuen Ziele genutzt werden, weil der Vorgesetzte bereits mit seinen Zielvorstellungen in das Gespräch geht. Eine Anpassung auf die aktuellen Erkenntnisse ist dann zwar noch prinzipiell möglich, aber sie erfolgt dann spontan und weniger wahrscheinlich. Um dem Rechnung zu tragen, sollte es zu Beginn des Jahres zunächst ein Zielerreichungsgespräch (vergangenheitsbezogen) und mit kurzem zeitlichen Abstand ein Zielvereinbarungsgespräch (zukunftsbezogen) geben. Das Entwicklungsgespräch sollte mit deutlichem zeitlichen Abstand, z. B. in der Jahresmitte, erfolgen, so dass die unterschiedlichen Zielsetzungen der Gespräche nicht vermischt werden.

Anlässe für Beurteilungen

Außerdem kann es außerplanmäßige Beurteilungen geben. Sie sind immer dann sinnvoll, wenn besondere Anlässe gegeben sind. Diese sind der Ablauf der Probezeit, Versetzungen und Wechsel des Vorgesetzten sowie der Antrag auf Umstufung in eine höhere Gehaltsklasse. Weiterhin können außerplanmäßige Beurteilungen auf Wunsch des Mitarbeiters angesetzt werden. In vielen Unternehmen wird am Ende der Probezeit eines neuen Mitarbeiters eine Beurteilung durchgeführt, auf deren Grundlage entschieden wird, ob das Unternehmen den Mitarbeiter übernimmt oder sich von ihm trennt. In manchen Fällen wird die Beurteilung dann nicht in vollem Umfang durchgeführt, sondern ist auf jene Leistungskriterien beschränkt, in denen bereits nach dieser kurzen Zeit der Zusammenarbeit eine Einschätzung möglich und sinnvoll ist. Wird ein Mitarbeiter auf einen anderen Arbeitsplatz versetzt und findet die Versetzung nicht in unmittelbarem zeitlichen Zusammenhang mit der Regelbeurteilung statt, so sollte eine außerplanmäßige Beurteilung angesetzt werden, in der die bisherige Tätigkeit des Mitarbeiters abschließend bewertet wird. Ebenso kann eine außerplanmäßige Beurteilung ein paar Monate nach Antritt der neuen Position des Mitarbeiters oder entsprechend nach Antritt der neuen Führungskraft sinnvoll sein. Strebt ein Mitarbeiter eine gehaltliche Umgruppierung an, die nicht in zeitlicher Nähe der turnusmäßigen Gehaltsüberprüfungen und -anpassungen liegt, sollte die Entscheidung darüber auf jeden Fall durch eine außerplanmäßige Beurteilung gestützt sein. Das Recht auf eine außerplanmäßige Beurteilung auf Wunsch des Mitarbeiters ist in § 82 Abs. 2 BetrVG verankert.

4.9.2 Verknüpfung der Ergebnisse mit den Zielen der Beurteilung

Leistungsbeurteilungen müssen mit personalwirtschaftlichen Instrumenten verknüpft werden

Aufgrund ihrer Einbettung in ein Management- oder Führungssystem weist die Leistungsbeurteilung enge Zusammenhänge mit anderen personalpolitischen Maßnahmen auf. Diese Bezüge hängen von den Zielen des Leis-

Tabelle 15:
Gegenüberstellung von Funktionen der Leistungsbeurteilung und personalwirtschaftlichen Instrumenten

Zweck der Leistungsbeurteilung	Bezug zu personalwirtschaftlichem Instrument
Entgeltfestlegung und -differenzierung	Vergütungssystem
Entwicklung und Förderung beruflicher Kompetenzen	Personalentwicklungskonzept
Planung des Personalbedarfs und -einsatzes	Stellenbeschreibungen und Anforderungsprofile

tungsbeurteilungssystems ab. In Tabelle 15 sind die wichtigsten Ziele der Leistungsbeurteilung den entsprechenden personalwirtschaftlichen Instrumenten gegenübergestellt. Sie werden anschließend erläutert.

Verknüpfung mit Vergütungssystemen

Leistungsbeurteilungen werden häufig zur Entgeltdifferenzierung eingesetzt, um ein höheres Maß an Entlohnungsgerechtigkeit herzustellen. Sie dienen ferner der Leistungsmotivation und der Ausrichtung des Leistungsverhaltens auf die Ziele der Unternehmensleitung. Außerdem wird die Bindung von leistungsstarken Mitarbeitern an das Unternehmen angestrebt. Der fixe Entgeltbestandteil wird in vielen Unternehmen nach wie vor (zumindest im Tarifbereich) über stellenbezogene Arbeitsbewertungen und damit verknüpfte Entgeltgruppen festgelegt. Die Einordnung in eine Entgeltgruppe berücksichtigt bei den nachfolgenden Vergütungen nicht die tatsächliche Leistung des Stelleninhabers und verfügt dadurch nur über ein geringes Motivationspotenzial, sobald eine Person einer bestimmten Tätigkeits- bzw. Entgeltgruppe zugewiesen worden ist. Darüber hinaus können individuelle Leistungszulagen auf der Grundlage der Leistungsbeurteilung gewährt werden. Individuelle Leistungszulagen sind im außertariflichen Bereich und bei Führungskräften inzwischen fast überall Standard, und sie gewinnen auch für den tariflichen Bereich zunehmend an Bedeutung. Becker und Kramarsch (2006; in dieser Reihe) sehen die leistungs- und erfolgsorientierte Vergütung als die wichtigste Komponente des gesamten Vergütungssystems an. Während der prozentuale Anteil der fixen Vergütung kontinuierlich abnimmt, steigt der der variablen Vergütung.

Motivationswirkung

Im Rahmen des Mitarbeitergesprächs werden auf der Grundlage des Zielerreichungsgrades Anpassungen in der Vergütung festgelegt. Typischerweise kann die Führungskraft Gehaltserhöhungen nicht in beliebiger Höhe zuweisen, sondern muss dabei das Budget für ihren Verantwortungsbereich einhalten. Die getroffene Vereinbarung wird an das Personalmanagement gemeldet, das für die Umsetzung zuständig ist. Das Personalmanagement hat damit den Überblick über die Personalaufwendungen des Unternehmens.

Planung von Personalentwicklungsmaßnahmen

Steht die individuelle Beratung und Förderung der beruflichen Kompetenzen im Vordergrund der Leistungsbeurteilung, werden aus dem Feedback im Mitarbeitergespräch von Führungskraft und Mitarbeiter gemeinsam konkrete Maßnahmen zur Entwicklung des Mitarbeiters abgeleitet und vereinbart.

Solche Maßnahmen können Trainings oder Coachings und andere Arten der Weiterbildung umfassen sowie die Aufnahme in Potenzialfördermaßnahmen (Potenzial-Assessments, „Goldfischteich“) oder Wechsel der Tätigkeit auf der gleichen Hierarchieebene im Sinne von Job-Enlargement, Job-Enrichment oder Job-Rotation sowie Beförderungen. Sie müssen im Vorfeld mit dem Personalmanagement abgestimmt worden sein, damit sichergestellt ist, dass sie realisierbar sind.

Die im Mitarbeitergespräch vereinbarten Maßnahmen werden nach dem Gespräch an das Personalmanagement gemeldet, da diese Stelle in den meisten Unternehmen dafür zuständig ist, die Umsetzung der Maßnahmen in die Wege zu leiten und zu überprüfen. Auf diese Weise ist die Leistungsbeurteilung mit der Personalentwicklungsplanung für das gesamte Unternehmen verknüpft.

Stellenbeschreibungen und Anforderungsprofile

Stellenbeschreibungen enthalten neben den Über- und Unterstellungsverhältnissen, Verantwortlichkeiten, Weisungsbefugnissen und Stellvertretungsregelungen die Aufgaben, die unabhängig vom konkreten Stelleninhaber auf dieser Position zu bearbeiten sind. Sie können als Ausgangspunkt für die Entwicklung des Beurteilungssystems dienen, so z. B. bei der Festlegung der Beurteilungskriterien. Ihr Problem liegt darin, dass sie eine gewisse Stabilität der Aufgaben voraussetzen und erfahrungsgemäß zu selten an neue Bedingungen angepasst werden. Diesem Problem kann begegnet werden, indem die Stellenbeschreibung im Rahmen des regelmäßigen Leistungsbeurteilungsgesprächs auf ihre Aktualität überprüft und ggf. angepasst wird.

Anforderungsprofile beschreiben Positionen im Hinblick auf gefordertes Bildungsniveau, berufliche Kenntnisse und Erfahrungen sowie Qualifikations- und Persönlichkeitsmerkmale, die eine Person aufweisen muss, um die Stelle erfolgreich auszufüllen. Sie werden typischerweise im Rahmen der Personalauswahl für die Formulierung der Stellenanzeige und als Grundlage für die Diagnose der Eignung von Bewerbern eingesetzt. Auch sie können im Rahmen des Leistungsbeurteilungsgesprächs zur Diskussion gestellt und ggf. verändert werden.

4.9.3 Verwaltung des Systems

Bei der Einführung und dauerhaften Nutzung eines Beurteilungssystems sind verschiedene Aufgaben zur Verwaltung des Systems notwendig. Sie sind im folgenden Kasten dargestellt und setzen nach der Kommunikation des neuen Systems und der Schulung der Beurteiler an:

Verwaltung des Beurteilungssystems
Terminplan für Beurteiler und Beurteilende
Bei der Planung der Beurteilungsperiode muss beachtet werden, dass die Beurteilungen top down erfolgen sollen, das heißt, die oberste Hierarchieebene beginnt, bevor die nachfolgende Ebene beurteilt etc. Der Terminplan muss genügend Zeit für die Ankündigung und Durchführung der Beurteilungen berücksichtigen. Ist er zu knapp bemessen, führt das leicht dazu, dass Beurteilungen nicht durchgeführt werden. Der Zeitraum für die Durchführung der Beurteilungen wird allen Beteiligten bekannt gegeben.
Terminplan für die Teilnahme an einem Gespräch, um einen Eindruck von der Qualität zu bekommen
Als Verantwortliche im Personalmanagement sollten Sie beim ersten Einsatz des neuen Leistungsbeurteilungsinstruments Zeit einplanen, um ggf. an Beurteilungsgesprächen teilzunehmen, sofern Mitarbeiter und Vorgesetzter das wünschen bzw. dem zustimmen. Auf diese Weise erhalten Sie einen unmittelbaren Eindruck von der Praktikabilität und Akzeptanz des Beurteilungssystems. Später erübrigt sich dieser Schritt.
Bereitstellung der notwendigen Formulare
Die für den Leistungsbeurteilungsprozess notwendigen Dokumente (Leistungsbeurteilungsbogen und ggf. Benutzerhandbuch sowie Gesprächsleitfaden) müssen rechtzeitig vor Beginn der Beurteilungsphase bereitgestellt werden. Die Unterlagen werden entweder ausgedruckt und in Papierform oder im Intranet zur Verfügung gestellt.
Rücklauf der Formulare
Zu den Aufgaben des Personalmanagements gehört es zu überwachen, dass die Beurteilungsbogen vollständig ausgefüllt und von den Gesprächsbeteiligten unterschrieben an das Personalmanagement weitergeleitet werden. Erfolgt der Rücklauf nicht zum vereinbarten Termin oder wurde die Beurteilung nicht entsprechend des vorgesehenen Prozesses durchgeführt, müssen die verantwortlichen Beurteiler kontaktiert und eine möglichst zügige Bearbeitung herbeigeführt werden.
Umsetzung der vereinbarten Maßnahmen
Nach Rücklauf der Beurteilungsunterlagen ist es Aufgabe des Personalmanagements, die vereinbarten Maßnahmen umzusetzen (vgl. Kapitel 4.7.4 und 4.10.2).

Regelung der Dokumentation
Die Beurteilungsunterlagen werden Bestandteil der Personalakte. Auf Wunsch ist Mitarbeitern jederzeit Einblick in ihre Unterlagen zu gewähren. Der Mitarbeiter sollte eine Kopie der Beurteilungsunterlagen erhalten, sofern er sie nicht bereits von der Führungskraft bekommen hat. Die Unterlagen werden der zuständigen Führungskraft in der folgenden Beurteilungsperiode gemeinsam mit den neuen Formularen zur Verfügung gestellt. Darüber hinaus schlägt Breisig (2005) vor, in einer Betriebsvereinbarung zu regeln, dass die Anfertigung weiterer Kopien bzw. Exemplare und deren Aufbewahrung an anderen Orten sowie die elektronische Speicherung der Unterlagen untersagt sind. Außerdem sollten nach seiner Ansicht Beurteilungsbögen, die älter als drei Jahre sind, aus der Personalakte entfernt und vernichtet werden.

4.10 Rechtliche Aspekte

In diesem Abschnitt wird ein Überblick der rechtlichen Aspekte gegeben, die mit dem Thema Leistungsbeurteilung in Zusammenhang stehen. Für eine detailliertere Darstellung wird auf Breisig (2005) verwiesen. Hinweise auf die einzelnen Aspekte wurden bereits bei der Erläuterung der jeweiligen Inhaltsgebiete gegeben. Die folgende Zusammenfassung bezieht sich auf Breisig (2005).

4.10.1 Rechte der Betriebsräte

Arbeitnehmervertretung so früh wie möglich einbeziehen

Der Betriebsrat hat nach dem Betriebsverfassungsgesetz (BetrVG) bezüglich der „Einführung und Veränderung von Personalbeurteilungssystemen eine *relativ starke Position.*" (Breisig, 2005, S. 209, Hervorhebung durch den Autor). Er muss in alle Phasen der Entwicklung des Beurteilungssystems einbezogen werden. Allerdings hat der Betriebsrat kein Initiativrecht, d. h. er kann den Arbeitgeber nicht zur Einführung eines Beurteilungssystems zwingen. Umgekehrt kann er die Einführung eines Beurteilungssystems nicht grundsätzlich verhindern. Diese Entscheidung liegt ausschließlich beim Arbeitgeber. Neben den durch das Betriebsverfassungsgesetz geregelten Rechten sind die für einzelne Branchen geltenden Tarifverträge zu beachten sowie die individuelle Ausgestaltung durch Betriebsvereinbarungen (§ 77 BetrVG). Breisig empfiehlt, bei der Einführung eines Leistungsbeurteilungssystems eine Betriebsvereinbarung zu schließen, die alle Elemente wie Beurteilungsbögen, Informationsmaterial, Systembeschreibungen etc. umfasst. In den folgenden Tabellen sind die Rechte des Betriebsrats im Überblick dargestellt.

Tabelle 16:
Informationsrechte des Betriebsrats (vgl. Breisig, 2005)

Recht	Beschreibung	Ziele
Allgemeiner Informationsanspruch § 80 Abs. 2	Rechtzeitige und umfassende Information zu allen Bestandteilen des Beurteilungssystems: • Geplante Ziele des Beurteilungsverfahrens • Entwurf des Beurteilungsbogens • Beurteilungskriterien und deren Definition • Verwendung der Beurteilungsdaten	Betriebsrat muss die Möglichkeit haben, auf die inhaltliche Ausgestaltung Einfluss zu nehmen
Personalplanung § 92	Rechtzeitige und umfassende Information bei Einsatz der Beurteilung zu folgenden Zwecken: • Personalbedarfsplanung • (Interne) Personalbeschaffung • Personalentwicklungsplanung • Personaleinsatzplanung • Personalabbauplanung	Beratung über Art und Umfang der Maßnahmen sowie Vermeidung von Härten

Tabelle 17:
Mitbestimmungs- und sonstige Rechte des Betriebsrats

Recht	Beschreibung	Ziele
Beurteilungsgrundsätze § 94 Abs. 2	Mitbestimmung bei der Entwicklung allgemeiner Beurteilungsgrundsätze, d. h. der Regeln, Richtlinien oder Systeme zur persönlichen oder fachlichen Bewertung neu einzustellender oder bereits beschäftigter Personen. Insbesondere: • Ziele des Systems • Grundsätzliche Konzeption (incl. Beurteilungsbogen) • Beurteilungskriterien • Bewertungsmethoden und -maßstäbe (z. B. Skalen) • Verfahrensfragen (z. B. zeitliche Abstände, Beurteilungsquellen) • Beurteilungsgespräch • Auswertung der Beurteilung • Aufbewahrung der Unterlagen und Zusammenführung von Daten • Rechte der betroffenen Mitarbeiter • Konfliktlösemechanismen	Positiver Konsens mit Betriebsrat Sachgerechte Beurteilung Schutz der Persönlichkeitssphäre der Mitarbeiter vor ungerechtfertigtem Zugriff durch den Arbeitgeber
Leistungs- und Verhaltenskontrolle § 87 Abs. 1 Nr. 6	Mitbestimmungsrecht bei der Einspeisung von Beurteilungsdaten in EDV-Systeme, weil dadurch Beurteilungsdaten einzelnen Personen zugeordnet und so eine Verhaltens- und Leistungskontrolle der Beschäftigten ausgeübt werden kann	Schutz der Persönlichkeitssphäre

Tabelle 17 (Fortsetzung):
Mitbestimmungs- und sonstige Rechte des Betriebsrats

Recht	Beschreibung	Ziele
Zulagen-gestaltung § 87 Abs. 1, Nrn. 10 + 11	Mitbestimmungsrecht bei der Festlegung von Grundsätzen und Struktur der Zulagenermittlung (sofern nicht durch Tarifvertrag ohne entsprechende Öffnungsklausel geregelt): • Ausgestaltung aller Verfahrenskomponenten • Kriterien, nach denen die Zulagenhöhe unterschieden wird	Gleichbehandlung
Auswahlricht-linien § 95 Abs. 1	Auswahlrichtlinien dienen als Entscheidungshilfe für personelle Einzelmaßnahmen. Dienen Beurteilungen als solche Entscheidungshilfen, kommt § 95 zur Anwendung	Gleichbehandlung
Förderung der Berufsbildung § 96	Bezug zum Beurteilungsgespräch, da entwicklungsbezogenes Feedback eine gute Grundlage für die Ermittlung des Bildungsbedarfs bietet	Mitarbeiterförderung
Durchführung betrieblicher Berufsbil-dungsmaß-nahmen § 98	Mitbestimmungsrecht bei der Schulung der Beurteiler: • Inhalte der Maßnahme • Methoden der Wissensvermittlung • Dauer und Lage der Maßnahme	Mitarbeiterförderung
Personelle Einzelmaß-nahmen §§ 99 und 102	Zustimmung bei Umgruppierung und Versetzung sowie Anhörung bei Kündigung infolge von Beurteilungsergebnissen	Gleichbehandlung
Beschwerde-verfahren § 85	Prüfen von Beschwerden, die Mitarbeiter zum Beurteilungsverfahren (Ergebnis, Gesprächsführung) haben und ggf. auf Abhilfe beim Arbeitgeber hinwirken	Gleichbehandlung, reibungslose Handhabung im Konfliktfall
Inanspruch-nahme von Sachverstän-digen § 80 Abs. 3	Betriebsrat hat das Recht, nach näherer Vereinbarung mit dem Arbeitgeber fachkundige Beratung bei der Entwicklung des Beurteilungssystems in Anspruch zu nehmen	Sachgerechte Einigung erleichtern

4.10.2 Rechte der einzelnen Arbeitnehmer

Rechte der Arbeitnehmer wahren

Die individualrechtlichen Aspekte der Personalbeurteilung nach dem Betriebsverfassungsgesetz sind in der nachstehenden Tabelle aufgeführt. Die Möglichkeiten des Einzelnen zur Beeinflussung von Beurteilungen sind deutlich schwächer als die kollektivrechtlichen Möglichkeiten (Breisig, 2005).

Tabelle 18:
Rechte der Mitarbeiter

Recht	Beschreibung	Ziele
Diskriminierungs-verbot § 75 Abs. 1	Beurteilungssysteme dürfen nicht bestimmte Personengruppen benachteiligen	Gleich-behandlung
Schutz der Persönlichkeit § 75 Abs. 2	Beurteilungssysteme müssen allgemeine Persönlichkeitsrechte und Würde des Menschen wahren Berufliche Entwicklungsmöglichkeiten dürfen nicht durch Kriterien eingeschränkt werden, die keinen Bezug zur derzeitigen und zukünftigen Tätigkeit aufweisen Keine Veröffentlichung von Beurteilungs-ergebnissen	Schutz der Persönlich-keit
Hinweispflicht des Arbeitsgebers auf Arbeits-anforderungen § 81	Arbeitgeber muss rechtzeitig und umfassend über Beurteilungskriterien und -maßstäbe informieren	Fairer Umgang
Anhörungs- und Vorschlagsrecht bei Gestaltung von Arbeitsplatz und -ablauf § 82 Abs. 1	Mitarbeiter hat das Recht (auch im Rahmen des Beurteilungsgesprächs) mit dem Vorgesetzten über Leistung und Verhalten sowie damit in Zusammenhang stehenden Fragen der Arbeitsbedingungen und notwendiger Änderungen zu sprechen. Der Vorgesetzte hat die Pflicht, auf Fragen und Vorschläge einzugehen.	Schutz der Mitarbeiter-interessen
Erörterung der Leistung und Entwicklungs-möglichkeiten § 82 Abs. 2	Der Mitarbeiter hat Recht auf Offenlegung und Erläuterung der Beurteilung sowie der Zusammensetzung und Berechnung des Entgelts. Es besteht die Option, ein Betriebsratmitglied eigener Wahl hinzuzuziehen.	Schutz der Mitarbeiter-interessen
Einsicht in die Personalakte § 83 Abs. 1 und 2	Jeder Mitarbeiter hat das Recht auf Einsicht in seine Personalakte. Sie umfasst alle Unterlagen über einen Arbeitnehmer, unabhängig vom Ort und der Art der Speicherung. Dabei kann ein Betriebsratsmitglied eigener Wahl hinzugezogen werden. Der Mitarbeiter kann eine Gegendarstellung der Beurteilung verfassen, die auf Verlangen der Personalakte beizufügen ist.	Fairer Umgang, Schutz der Mitarbeiterinteressen
Beschwerderecht §§ 84 und 85	Gegen eine als unzutreffend wahrgenommene Beurteilung kann bei der zuständigen Stelle im Betrieb oder beim Betriebsrat Beschwerde eingelegt werden. Es besteht Anspruch, über den Umgang mit der Beschwerde informiert zu werden.	Fairer Umgang

5 Literaturempfehlungen

Neuberger, O. (2004). *Das Mitarbeitergespräch. Praktische Grundlagen für erfolgreiche Führungsarbeit* (6. Aufl.), Leonberg: Rosenberger.

Schuler, H. (2004). *Beurteilung und Förderung beruflicher Leistung* (2. Aufl.). Göttingen: Hogrefe.

6 Literatur

Ashford, S. J. (1990). Self-assessment in organizations: A literature review and integrative model. In L. L. Cummings & B. M. Staw (Eds.), *Evaluation and employment in organizations* (pp. 59–100). Greenwich, CT: JAI Press.

Athey, T. R. & McIntyre, R. M. (1987). Effect of rater training on rater accuracy: Levels-of-processing theory and social facilitation theory perspectives. *Journal of Applied Psychology, 72,* 567–572.

Atwater, L. E., Waldman, D. A., Atwater, D. & Cartier, P. (2000). An upward feedback field experiment: Supervisors' cynicism, reactions, and commitment to subordinates. *Personnel Psychology, 53,* 275–297.

Balzer, W. K. & Sulsky, L. M. (1992). Halo and performance appraisal research: A critical examination. *Journal of Applied Psychology, 77,* 975–985.

Banks, C. G. & Murphy, K. R. (1985). Toward narrowing the research-practice gap in performance appraisal. *Personnel Psychology, 38,* 335–345.

Becker, F. G. & Kramarsch, M. H. (2006). *Leistungs- und erfolgsorientierte Vergütung für Führungskräfte.* Göttingen: Hogrefe.

Bernardin, H. J. & Cooke, D. K. (1992). Effects of purpose of appraisal on discriminability and accuracy of ratings. *Psychological Reports, 70,* 1211–1215.

Bernardin, H. J. & Pence, E. C. (1980). Effects of rater training: New response sets and decreasing accuracy. *Journal of Applied Psychology, 65,* 60–66.

Borman, W. C. (1977). Consistency of rating accuracy and rating errors in the judgment of human performance. *Organizational Behavior and Human Performance, 20,* 238–252.

Borman, W. C. & Motowidlo, S. J. (1997). Task performance and contextual performance: The meaning for personnel selection research. *Human Performance, 10,* 99–109.

Boswell, W. R. & Boudreau, J. W. (2002). Separating the developmental and evaluative performance appraisal uses. *Journal of Business and Psychology, 16,* 391–412.

Breisig, T. (2005). *Personalbeurteilung. Mitarbeitergespräche und Zielvereinbarungen regeln und gestalten* (3. erw. Aufl.). Frankfurt a. M.: Bund-Verlag.

Burry-Stock, J. A., Shaw, D. G., Laurie, C. & Chissom, B. S. (1996). Rater agreement indexes for performance assessment. *Educational and Psychological Measurement, 56,* 251–262.

Campbell, J. P., Dunnette, M. D., Arvey, R. D. & Hellervik, L. V. (1973). The development and evaluation of behaviorally based rating scales. *Journal of Applied Psychology, 57,* 15–22.

Campbell, J. P., McCloy, R. A., Oppler, S. H. & Sager, C. E. (1993). A theory of performance. In N. Schmitt & W. C. Borman (Eds.), *Personnel Selection in Organizations* (pp. 35–70). San Francisco, CA: Jossey-Bass.

Campbell, J. P., McHenry, J. J. & Wise, L. L. (1990). Modelling job performance in a population of jobs. *Personnel Psychology, 43,* 313–333.

Cardy, R. L. & Dobbins, G. H. (1986). Affect and appraisal accuracy: Liking as an integral dimension in evaluating performance. *Journal of Applied Psychology, 71,* 672–678.

Cascio, W. F. & Aguinis, H. (2005). *Applied psychology in human resources management* (5th ed.). Englewood Cliffs, NJ: Prentice Hall.

Cawley, B. D., Keeping, L. M. & Levy, P. E. (1998). Participation in the performance appraisal process and employee reactions: A meta-analytic review of field investigations. *Journal of Applied Psychology, 83,* 615–633.

Cellar, D. F., Curtis, J. R., Kohlepp, K., Poczapski, P. & Mohiuddin, S. (1989). The effects of rater training, job analysis format and congruence of training on job evaluation ratings. *Journal of Business and Psychology, 3,* 387–401.

Cleveland, J. N., Murphy, K. R. & Williams, R. E. (1989). Multiple uses of performance appraisal: Prevalence and correlates. *Journal of Applied Psychology, 74,* 130–135.

Cooper, W. H. (1981). Ubiquitous halo. *Psychological Bulletin, 90,* 218–244.

Cronbach, L. J. (1955). Processes affecting scores on „understanding others" and „assumed similarity". *Psychological Bulletin, 90,* 218–244.

Day, D. V. & Sulsky, L. M. (1995). Effects of frame-of-reference training and information configuration on memory organization and rating accuracy. *Journal of Applied Psychology, 80,* 158–167.

DeNisi, A. S., Cafferty, T. P. & Meglino, B. M. (1984). A cognitive view on the performance appraisal process: A model and research propositions. *Organizational Behavior and Human Decision Processes, 33,* 360–396.

Dick, R. van & West, M. A. (2005). *Teamwork, Teamdiagnose, Teamentwicklung.* Göttingen: Hogrefe.

Dobbins, G., Cardy, R. & Truxillo, D. (1988). The effects of purpose of appraisal and individual differences in stereotypes of women on sex differences in performance ratings: A laboratory and field study. *Journal of Applied Psychology, 73,* 551–558.

Domsch, M. (1992). Vorgesetztenbeurteilung. In R. Selbach & K. K. Pullig (Hrsg.), *Handbuch Mitarbeiterbeurteilung* (S. 255–298). Wiesbaden: Gabler.

Domsch, M. & Gerpott, T. J. (1985). Verhaltensorientierte Beurteilungsskalen. *Die Betriebswirtschaft, 45,* 666–680.

Drewes, G. & Runde, B. (2002). Practice chapter – Performance appraisal. In S. Sonnentag (Ed.), *Psychological management of individual performance* (pp 137–154). Chichester: Wiley & Sons.

Erke, A. & Jöns, I. (2003). Kompetenz in teilautonomen Arbeitsgruppen und Entwicklungsmöglichkeiten im Rahmen von Zielvereinbarungen. *Wirtschaftspsychologie, 1,* 46–49.

Farr, J. L. (1991). Leistungsfeedback und Arbeitsverhalten. In H. Schuler (Hrsg.), *Beurteilung und Förderung beruflicher Leistung* (S. 57–80). Stuttgart: Verlag für angewandte Psychologie.

Fay, C. H. & Latham, G. P. (1982). Effects of training and rating scales on rating errors. *Personnel Psychology, 35,* 105–116.

Fecher, G. (1995). Vorgesetztenbeurteilung in Deutschland – Eine Bestandsaufnahme. In K. Hofmann, F. Köhler & V. Steinhoff (Hrsg.), *Vorgesetztenbeurteilung in der Praxis* (S. 15–19). Weinheim: Beltz.

Feldmann, J. M. (1981). Beyond attribution theory: Cognitive processes in performance appraisal. *Journal of Applied Psychology, 66,* 127–148.

Fisicaro, S. A. & Lance, C. E. (1990). Implications of three causal models for the measurement of halo error. *Applied Psychological Measurement, 54,* 366–371.

Flanagan, J. C. (1954). The critical incident technique. *Psychological Bulletin, 54,* 327–358.

Fleishman, E. A. & Reilly, M. E. (1992). *Handbook of human abilities. Definitions, measurements, and job task requirements.* Palo Alto, CA: Consulting Psychologists Press.

Fletcher, C. (2002). Appraisal: An individual psychological perspective. In S. Sonnentag (Ed.), *Psychological management of individual performance* (pp. 115–135). Chichester: Wiley & Sons.

Foti, R. J. & Hauenstein, N. M. A. (1993). Processing demands and the effects of prior impressions on subsequent judgments: Clarifying the assimilation/contrast debate. *Organizational Behavior and Human Decision Processes, 56,* 167–189.

Foti, R. J. & Lord, R. G. (1987). Prototypes and scripts: The effects of alternative methods of processing information on rating accuracy. *Organizational Behavior and Human Decision Processes, 39,* 318–340.

Fox, S., Caspy, T. & Reisler, A. (1994). Variables affecting leniency, halo and validity of self-appraisal. *Journal of Occupational and Organizational Psychology, 67,* 45–56.

Frieling, E. & Hoyos, C. (1978). *Fragebogen zur Arbeitsanalyse (FAA). Deutsche Bearbeitung des Position Analysis Questionnaire (PAQ).* Bern: Huber

Gaugler, B. B. & Rudolph, A. S. (1992). The influence of assessee performance variation on assesssors' judgments. *Personnel Psychology, 45,* 77–98.

Gerhardt, T. & Ritter, J. (2004). *Management Appraisal. Kompetenzen von Führungskräften bewerten und Potenziale erkennen.* Frankfurt a. M.: Campus.

Green, S. B., Sauser, W. I., Fagg, J. N. & Champion, C. H. (1981). Shortcut methods for deriving behaviorally anchored rating scales. *Educational and Psychological Measurement, 41,* 761–775.

Greguras, G. J., Robie, C., Schleicher, D. J. & Goff, M. (2003). A field study of the effects of rating purpose on the quality of multisource ratings. *Personnel Psychology, 56,* 1–21.

Gröschl, B. & Wübbelmann, K. (2005). Management Appraisal – Mehrwert durch Perspektivenvielfalt. *Wirtschaftspsychologie aktuell, 5,* 10–13.

Guzzo, R. A., Jette, R. D. & Katzell, R. A. (1985). The effects of psychologically based intervention programs on worker productivity: A meta-analysis. *Personnel Psychology, 38,* 275–291.

Hackman, J. R. (1987). The design of work teams. In J. W. Lorsch (Ed.), *Handbook of organizational behavior* (pp. 315–342). Englewood Cliffs, NJ: Prentice Hall.

Harris, M. M., Gilbreath, B. & Sunday, J. A. (1998). A longitudinal examination of a merit pay system: Relationships among performance ratings, merit increases, and total pay increases. *Journal of Applied Psychology, 83,* 825–831.

Harris, M. M. & Schaubroeck, J. (1988). A meta-analysis of self-supervisory, self-peer, and peer-supervisor ratings. *Personnel Psychology, 41,* 43–62.

Harris, M. M., Smith, D. E. & Champagne, D. (1995). A field study of performance appraisal purpose: Research- versus administrative-based ratings. *Personnel Psychology, 48,* 151–160.

Harrison, D. A. & Hulin, C. L. (1989). Investigations of absenteeism: Using event history models to study the absence-taking process. *Journal of Applied Psychology, 74,* 300–316.

Harrison, D. A. & Shaffer, M. A. (1994). Comparative examinations of self-reports and perceived absenteeism norms: Wading through Lake Wobegon. *Journal of Applied Psychology, 79,* 240–251.

Hell, B., Boramir, I., Schaar, H. & Schuler, H. (2006). Interne Personalauswahl und Personalentwicklung in deutschen Unternehmen. *Wirtschaftspsychologie, 7,* 2–22.

Hell, B., Schuler, H., Boramir, I. & Schaar, H. (2006). Verwendung und Einschätzung von Verfahren der internen Personalauswahl und Personalentwicklung im 10 Jahres-Vergleich. *Zeitschrift für Personalforschung, 20,* 58–78.

Hoffmann, J. (2003). Schluss mit der Faulheit. Tabu-Thema: Leistungsschwache Mitarbeiter werden entlassen – aber darüber redet niemand. Beruf & Erfolg, Magazin des Hamburger Abendblatts, 16. 8. 2003. Verfügbar unter: www.abendblatt.de/daten/2003/08/16/197092.html [17. 08. 2007].

Hunter, J. E. (1983). A causal analysis of cognitive ability, job knowledge, job performance and supervisory ratings. In F. Landy, S. Zedeck & J. Cleveland (Eds.), *Performance measurement and theory* (pp. 257–266). Hillsdale, NJ: Lawrence Erlbaum.

Ilgen, D. R., Barnes-Farrell, J. L. & McKellin, D. B. (1993). Performance appraisal process research in the 1980s: What has it contributed to appraisals in use? *Organizational Behavior and Human Decision Processes, 54,* 321–368.

Ilgen D. R. & Feldman, J. M. (1983). Performance appraisal: A process focus. In B. M. Staw & L. Cummings (Eds.), *Research in organizational psychology* (pp. 141–197). Greenwich: JAI Press.

Jako, R. A. & Murphy, K. R. (1990). Distributional ratings, judgment decomposition, and their impact on interrater agreement and rating accuracy. *Journal of Applied Psychology, 75,* 500–505.

Johns, G. & Nicholson, N. (1994). The meanings of absences: New strategies for theory and research. In L. L. Cummings & B. M. Staw (Eds.), *Evaluation and employment in organizations* (pp. 207–252). Greenwich, CT: JAI Press.

Kane, J. S., Bernardin, H. J., Villanova, P. & Peyrefitte, J. (1995). Stability of rater leniency: Three studies. *Academy of Management Journal, 38,* 1036–1051.

Kanfer, R. & Kantrowitz, T. M. (2002). Ability and non-ability predictors of job performance. In S. Sonnentag (Ed.), *Psychological management of individual performance* (pp. 27–50). Chichester: Wiley & Sons.

Kets de Vries, M. F. R. & Miller, D. (1986). Personality, culture and organization. *Academy of Management Review, 11,* 266–279.

Kleinbeck, U. (2004). Die Wirkung von Zielsetzungen auf die Leistung. In H. Schuler (Hrsg.), *Beurteilung und Förderung beruflicher Leistung* (2. Aufl., S. 215–237). Göttingen: Hogrefe.

Kleinmann, M. (1997). *Assessment Center. Stand der Forschung – Konsequenzen für die Praxis.* Göttingen: Verlag für angewandte Psychologie.

Kleinmann, M. (2003). *Assessment-Center.* Göttingen: Hogrefe.

Kleinmann, M., Manzey, D., Schumacher, D. & Fleishman, E. (in Vorb.). *Fleishman Job Analysis Survey – Deutsche Fassung (F-JAS-D).* Göttingen: Hogrefe.

Klingner, Y., Schuler, H., Diemand, A. & Becker, K. (2004). Entwicklung eines multimodalen Systems zur Leistungsbeurteilung von Auszubildenden. In H. Schuler (Hrsg.), *Beurteilung und Förderung beruflicher Leistung* (2. Aufl., S. 187–213). Göttingen: Hogrefe.

Kravitz, D. A. & Balzer, W. K. (1992). Context effects in performance appraisal: A methodological critique and empirical study. *Journal of Applied Psychology, 77,* 24–32.

Landy, F. J. & Farr, J. L. (1983). *The measurement of work performance. Methods, theory, and applications.* San Diego, CA: Academic Press.

Lang-von Wins, T. & Rosenstiel, L. v. (1998). Potentialfeststellungsverfahren. In M. Kleinmann & B. Strauß (Hrsg.), *Potentialfeststellung und Personalentwicklung* (S. 71–95). Göttingen: Verlag für Angewandte Psychologie.

Latham, G. P., Locke, E. A. & Fassina, N. E. (2002). The high performance cycle: Standing the test of time. In S. Sonnentag (Ed.), *Psychological management of individual performance* (pp. 201–228). Chichester: Wiley & Sons.

Latham, G. P. & Wexley, K. N. (1982). *Increasing productivity through performance appraisal.* Reading, MS: Addison-Wesley.

Levine, E. L. (1980). Introductory remarks for the symposium „Organizational applications of self-appraisal and self-assessment: Another look“. *Personnel Psychology, 33,* 259–262.
Locke, E. & Latham, G. (1990). *A theory of goal setting and task performance.* Englewood Cliffs, NJ: Prentice Hall.
Lohaus, D. (1998). *Kontexteffekte bei der Leistungsbeurteilung.* Hamburg: Kovac.
Lohaus, D. & Habermann, W. (2002). Kosten des Motivationsrückgangs. *Personal, 54* (12), 22–27.
Lohaus, D. & Kleinmann, M. (2002). Analysis of performance potential. In S. Sonnentag (Ed.), *Psychological management of individual performance* (pp. 155–178). Chichester: Wiley & Sons.
Marcus, B. & Schuler, H. (2006). Leistungsbeurteilung. In H. Schuler (Hrsg.), *Lehrbuch der Personalpsychologie* (2. Aufl., S. 434–469). Göttingen: Hogrefe.
McCormick, E. J. & Tiffin, J. (1974). *Industrial psychology* (6th ed.). Englewood Cliffs, NJ: Prentice Hall.
Mero, N. P. & Motowidlo, S. J. (1996). Effects of rater accountability on the accuracy and the favourability of performance ratings. *Journal of Applied Psychology, 80,* 517–524.
Moser, K. (2004). Selbstbeurteilung. In H. Schuler (Hrsg.), *Beurteilung und Förderung beruflicher Leistung* (2. Aufl., S. 83–99). Göttingen: Hogrefe.
Muck, P. M. & Schuler, H. (2004). Beurteilungsgespräch, Zielsetzung und Feedback. In H. Schuler (Hrsg.), *Beurteilung und Förderung beruflicher Leistung* (2. Aufl., S. 255–289). Göttingen: Hogrefe.
Muck, P. M., Schuler, H., Becker, K. & Diemand, A. (2004). Entwicklung eines multimodalen Systems zur Beurteilung von Gruppenleistungen. In H. Schuler (Hrsg.), *Beurteilung und Förderung beruflicher Leistung* (2. Aufl., S. 159–185). Göttingen: Hogrefe.
Murphy, K. R. & Balzer, W. K. (1989). Rater errors und rating accuracy. *Journal of Applied Psychology, 74,* 619–624.
Murphy, K. R. & Cleveland, J. N. (1995). *Understanding performance appraisal. Social, organizational, and goal-based perspectives.* Thousand Oaks, CA: Sage.
Murphy, K. R. & Constans, J. I. (1987). Behavioral anchors as a source of bias in rating. *Journal of Applied Psychology, 72,* 573–577.
Murphy, K. R. & Pardaffy, V. A. (1989). Bias in behaviorally anchored rating scales: Global or scale specific? *Journal of Applied Psychology, 74,* 343–346.
Murphy, K. R., Philbin, T. A. & Adams, S. R. (1989). Effect of purpose of observation on accuracy of immediate and delayed performance ratings. *Organizational Behavior and Human Decision Processes, 43,* 336–354.
Nerdinger, F. W. (2005). Vorgesetztenbeurteilung. In I. Jöns & W. Bungard (Hrsg.), *Feedbackinstrumente im Unternehmen. Grundlagen, Gestaltungshinweise, Erfahrungsberichte* (S. 99–112). Wiesbaden: Gabler.
Neuberger, O. (2004). *Das Mitarbeitergespräch. Praktische Grundlagen für erfolgreiche Führungsarbeit* (6. Aufl.). Leonberg: Rosenberger.
Neumann, P. (2003). Gespräche mit Mitarbeitern effizient führen. In L. v. Rosenstiel, M. Domsch und E. Regnet (Hrsg.), *Führung von Mitarbeitern. Handbuch für erfolgreiches Personalmanagement* (5. überarb. Aufl., S. 253–268). Stuttgart: Schäffer-Poeschel.
Nicolai, C. (2006). *Personalmanagement.* Stuttgart: Lucius & Lucius.
Obermann, C. (2002). *Assessment Center* (2. Aufl.). Wiesbaden: Gabler.
Olesch, G. (1997). *Schwerpunkte der Personalarbeit. Personalarbeit zur Jahrtausendwende.* Heidelberg: Sauer.
o. V. (2003). *Von Machern und Bremsern.* Blue line, Das Executive Magazin von HP, 3/2003, S. 21–25. Verfügbar unter: www.costconcept.de/downloads/20_25.pdf [17. 08. 2007].

Payne, T. (1998). Editorial – 360 degree assessment and feedback. *International Journal of Selection and Assessment, 6,* 16–18.
Pesta, B.J., Kass, D.S. & Dunegan, K.J. (2005). Image theory and the appraisal of employee performance: To screen or not to screen. *Journal of Business and Psychology, 19,* 341–360.
Piotrowski, M.J., Barnes-Farrell, J.L. & Esrig, F.H. (1989). Behaviorally anchored bias: A replication and extension of Murphy and Constans. *Journal of Applied Psychology, 74,* 823–826.
Pulakos, E.D. (1984). A comparison of rater training programs: Error training and accuracy training. *Journal of Applied Psychology, 69,* 581–588.
Rosenstiel, L.v. (2000). *Grundlagen der Organisationspsychologie* (4. Aufl.). Stuttgart: Schäffer-Poeschel.
Rothstein, H.R. (1990). Interrater-reliability of job performance ratings: Growth to the asymptote level with increasing opportunity to observe. *Journal of Applied Psychology, 75,* 322–327.
Rüttinger, B., Rosenstiel, L.v. & Molt, W. (1974). *Motivation des wirtschaftlichen Verhaltens.* Stuttgart: Kohlhammer.
Salvemini, N.J., Reilly, R.R. & Smither, J.W. (1993). The influence of rater motivation on assimilation effects and accuracy in performance ratings. *Organizational Behavior and Human Decision Processes, 68,* 272–286.
Sarges, W. (2000). Lernpotenzial-AC. In W. Sarges (Hrsg.), *Management-Diagnostik* (3. Aufl., S. 728–729). Göttingen: Hogrefe.
Scherm, M. (2004). 360°-Beurteilung. In H. Schuler (Hrsg.), *Beurteilung und Förderung beruflicher Leistung* (2. Aufl., S. 61–81). Göttingen: Hogrefe.
Scherm, M. & Kaufel, S. (2005). 360-Grad-Feedback. In I. Jöns & W. Bungard (Hrsg.), *Feedbackinstrumente im Unternehmen. Grundlagen, Gestaltungshinweise, Erfahrungsberichte* (S. 113–127). Wiesbaden: Gabler.
Scherm, M. & Sarges, W. (2002). *360°-Feeback.* Göttingen: Hogrefe.
Schmidt, F.L. & Hunter, J.E. (1998). Meßbare Personenmerkmale: Stabilität, Variabilität und Validität zur Vorhersage zukünftiger Berufsleistung und berufsbezogenen Lernens. In M. Kleinmann & B. Strauß (Hrsg.), *Potentialfeststellung und Personalentwicklung* (S. 15–43). Göttingen: Verlag für angewandte Psychologie.
Schmidt, K.-H. & Kleinbeck, U. (2004). Leistung und Leistungsförderung. In H. Schuler (Hrsg.), *Grundlagen der Personalpsychologie* (S. 893–946). Göttingen: Hogrefe.
Scholz, C. (2000). *Personalmanagement* (5. Aufl.). München: Vahlen.
Schuler, H. (1989). Leistungsbeurteilung. In E. Roth (Hrsg.), *Organisationspsychologie.* (S. 399–430). Göttingen: Hogrefe.
Schuler, H. (1991). Leistungsbeurteilung – Funktionen, Formen und Wirkungen. In H. Schuler (Hrsg.), *Beurteilung und Förderung beruflicher Leistung. Beiträge zur Organisationspsychologie* (Band 4, S. 11–40). Stuttgart: Verlag für Angewandte Psychologie.
Schuler, H. (2000). *Psychologische Personalauswahl* (3. Aufl.). Göttingen: Hogrefe.
Schuler, H. (2004a). Der Prozess der Urteilsbildung und die Qualität der Beurteilungen. In H. Schuler (Hrsg.), *Beurteilung und Förderung beruflicher Leistung* (2. Aufl., S. 33–60). Göttingen: Hogrefe.
Schuler, H. (2004b). Drei Ebenen der Leistungsbeurteilung. In H. Schuler (Hrsg.), *Beurteilung und Förderung beruflicher Leistung* (2. Aufl., S. 25–31). Göttingen: Hogrefe.
Schuler, H. (2004c). Leistungsbeurteilung – Gegenstand, Funktionen und Formen. In H. Schuler (Hrsg.), *Beurteilung und Förderung beruflicher Leistung* (2. Aufl., S. 1–23). Göttingen: Hogrefe.

Schuler, H. (2006). Arbeits- und Anforderungsanalyse. In H. Schuler (Hrsg.), *Lehrbuch der Personalpsychologie* (2. Aufl., S. 45–68). Göttingen: Hogrefe.

Schuler, H. & Klingner, Y. (2005). 360-Grad-Feedback. In I. Jöns & W. Bungard (Hrsg.), *Feedbackinstrumente im Unternehmen. Grundlagen, Gestaltungshinweise, Erfahrungsberichte* (S. 77–97). Wiesbaden: Gabler.

Schuler, H. & Marcus, B. (2004). Leistungsbeurteilung. In H. Schuler (Hrsg.), *Enzyklopädie der Psychologie: Organisationspsychologie – Grundlagen und Personalpsychologie* (S. 947–1006). Göttingen: Hogrefe.

Schuler, H., Muck, P. M., Hell, B., Höft, S., Becker, K. & Diemand, A. (2004). Entwicklung eines multimodalen Systems zur Beurteilung von Individualleistungen. In H. Schuler (Hrsg.), *Beurteilung und Förderung beruflicher Leistung* (2. Aufl., S. 133–158). Göttingen: Hogrefe.

Schüpbach, H. & Zölch, M. (2004). Analyse und Bewertung von Arbeitssystemen und Arbeitstätigkeiten. In H. Schuler (Hrsg.), *Lehrbuch Organisationspsychologie* (3. Aufl., S. 197–220). Bern: Huber

Scotter, J. van, Motowidlo, S. J. & Cross, T. C. (2000). Effects of task performance and contextual performance on systemic rewards. *Journal of Applied Psychology, 85,* 526–531.

Seifert, C. F., Yukl, G. & McDonald, R. A. (2003). Effects of multisource feedback and a feedback facilitator on the influence behavior of managers towards subordinates. *Journal of Applied Psychology, 88,* 561–569.

Silver, W. S., Mitchell, T. R. & Gist, M. E. (1996). Responses to successful and unsuccessful performance: The moderating effect of self-efficacy on the relationship between performance and attributions. *Organizational Behavior and Human Decision Processes, 62,* 286–299.

Sonnentag, S. & Frese, M. (2002). Performance concepts and performance theory. In S. Sonnentag (Ed.), *Psychological management of individual performance* (pp. 3–25). Chichester: Wiley & Sons.

Sonntag, K. (2006). Ermittlung tätigkeitsbezogener Merkmale: Qualifikationsanforderungen und Voraussetzungen menschlicher Aufgabenbewältigung. In K. Sonntag (Hrsg.), *Personalentwicklung in Organisationen. Psychologische Grundlagen, Methoden und Strategien* (3. Aufl., S. 206–234). Göttingen: Hogrefe.

Smith, P. C. & Kendall, L. M. (1963). Retranslation of expectations: An approach to the construction of unambiguous anchors for rating scales. *Journal of Applied Psychology, 47,* 149–155.

Smither, J. W., London, M. & Reilly, R. R. (2005). Does performance improve following multisource feedback? A theoretical model, meta-analysis, and review of empirical findings. *Personnel Psychology, 58,* 33–66.

Sulsky, L. M. & Balzer, W. K. (1988). Meaning and measurement of performance rating accuracy: Some methodological and theoretical concerns. *Journal of Applied Psychology, 74,* 136–142.

Sumer, H. C. & Knight, P. A. (1996). Assimilation and contrast effects in performance ratings: Effects of rating the previous performance on rating subsequent performance. *Journal of Applied Psychology, 81,* 436–442.

Thornton, G. C. (1980). Psychometric properties of self-appraisals of job performance. *Personnel Psychology, 33,* 264–271.

Trevor, C. O., Gerhart, B. & Boudreau, J. W. (1997). Voluntary turnover and job performance: Curvilinearity and the moderating influences of salary growth and promotions. *Journal of Applied Psychology, 82,* 44–61.

Ulich, E. (2005). *Arbeitspsychologie* (6. überarb. und erw. Aufl.). Stuttgart: Schäffer-Poeschel.

Viswesvaran, C. (2002). Assessment of individual job performance. A review of the past century and a look behind. In N. Anderson, D. S. Ones, H. K. Sinangil & C. Viswesvaran (Eds.), *Handbook of industrial, work and organizational psychology* (Vol. 1, pp. 110–126). London: Sage.

Viswesvaran, C., Ones, D. S. & Schmitt, F. L. (1996). Comparative analysis of the reliability of job performance ratings. *Journal of Applied Psychology, 81,* 557–574.

Vroom, V. H. (1964). *Work and motivation.* New York: Wiley.

Wayne, S. J. & Ferris, G. R. (1990). Influence tactics, affect, and exchange quality in supervisor-subordinate interactions: A laboratory experiment and field study. *Journal of Applied Psychology, 75,* 487–499.

Wegge, J. (2004). *Führung von Arbeitsgruppen.* Göttingen: Hogrefe.

Wellhöfer, P. R. (2004). *Schlüsselqualifikation Sozialkompetenz.* Stuttgart: Lucius & Lucius.

Wiersma, U. & Latham, G. P. (1986). The practicality of behavioral observation scales, behavioral expectation scales, and trait scales. *Personnel Psychology, 39,* 619–628.

Williams, K. J., DeNisi, A. S., Blencoe, A. G. & Cafferty, T. P. (1985). The role of appraisal purpose: Effects of purpose on information acquisition and utilization. *Organizational Behavior and Human Decision Processes, 35,* 314–339.

Woehr, D. J. (1994). Understanding frame-of-reference training: The impact of training on the recall of performance information. *Journal of Applied Psychology, 79, 525–534.*

Woehr, D. J. & Huffcutt, A. I. (1994). Rater training for performance appraisal: A quantitative review. *Journal of Occupational and Organizational Psychology, 67,* 189–205.

Woehr, D. J. & Roch, S. G. (1996). Context effects in performance evaluation: The impact of ratee sex and performance level on performance ratings and behavioral recall. *Organizational Behavior and Human Decision Processes, 66,* 31–41.

Woollen, B. (ohne Datum). Forced ranking – the controversy continues. Verfügbar unter: www.worklab-consulting.com/site/pdfs/forced_ranking_the_controversy_continues.pdf. [17.08.2007].

Wyer, R. S. & Srull, T. K. (1989). *Memory and cognition in its social context.* Hillsdale, NJ: Lawrence Erlbaum.

Zedeck, S. & Cascio, W. F. (1982). Performance decisions as a function of purpose of rating and training. *Journal of Applied Psychology, 67,* 752–758.